U0162979

# 中国近海台风突然增强和衰亡的研究

郑　峰（温州市气象局）
郑远东（温州商学院）　著

气象出版社
China Meteorological Press

## 内容简介

近海台风强度变化，尤其是强度的突变（突然加强和衰亡）是台风预报的难题。以 12 h 近海热带气旋中心附近最大风速增大 10 m/s 以上作为近海台风强度突然增强；以热带气旋在近海衰亡（中心最大风力在 6 级以下），且在衰亡前伴有突然减弱（中心附近最大风速 12 h 内减小 10 m/s 以上）为近海台风突然衰亡。本书统计了其气候特征，并对近海台风突然增强和台风突然衰亡的大尺度环流特征作了动态合成分析和动力诊断，合成分析要素包括高度场、温度场、水汽输送、海温、风垂直切变、内核对流、高空急流和台风的高层流出气流。合成分析归纳出近海台风突然增强和突然衰亡的影响因子各 6 个，研究的结果表明，高值 SST、低值 VWS、高值 DCC 对台风突然增强有利，低值 SST、高值 VWS、低值 DCC 常会引起台风突然减弱或衰亡等结论。

本书在上述研究基础上提出了中国近海台风突然增强和台风突然衰亡的概念模型，对于从事台风预报的人员有一定的参考价值。

**图书在版编目（ＣＩＰ）数据**

中国近海台风突然增强和衰亡的研究 ／ 郑峰，郑远东著. -- 北京 ：气象出版社，2023.9
ISBN 978-7-5029-8011-5

Ⅰ．①中⋯ Ⅱ．①郑⋯ ②郑⋯ Ⅲ．①近海—台风—研究—中国 Ⅳ．①P444

中国国家版本馆CIP数据核字(2023)第144049号

## 中国近海台风突然增强和衰亡的研究
Zhongguo Jinhai Taifeng Turan Zengqiang he Shuaiwang de Yanjiu

郑　峰　郑远东　著

**出版发行：**气象出版社

| | | | |
|---|---|---|---|
| **地　　址：** 北京市海淀区中关村南大街 46 号 | | **邮政编码：** 100081 | |
| **电　　话：** 010-68407112（总编室）　010-68408042（发行部） | | | |
| **网　　址：** http://www.qxcbs.com | | **E-mail：** qxcbs@cma.gov.cn | |
| **责任编辑：** 王元庆 | | **终　　审：** 张　斌 | |
| **责任校对：** 张硕杰 | | **责任技编：** 赵相宁 | |
| **封面设计：** 艺点设计 | | | |
| **印　　刷：** 北京建宏印刷有限公司 | | | |
| **开　　本：** 710 mm×1000 mm　1/16 | | **印　　张：** 5.5 | |
| **字　　数：** 113 千字 | | | |
| **版　　次：** 2023 年 9 月第 1 版 | | **印　　次：** 2023 年 9 月第 1 次印刷 | |
| **定　　价：** 38.00 元 | | | |

**目 录**
CONTENTS

第 **1** 章

# 绪 论

## 1.1 本书结构

**第 1 章 绪论**

概述开展中国近海台风突然增强和衰亡研究的重要意义、国内外台风强度研究进展及存在问题。

**第 2 章 资料、方法和模式**

简要介绍本书研究所使用的资料、运用的研究方法及模拟试验所用的数值模式。

**第 3 章 气候特征分析**

利用中国气象局整编的《热带气旋年鉴》资料（1949—2013 年），对 65 年间发生在中国近海的突然增强台风和衰亡台风出现频率、年代际、月际及活动海域等特征进行统计，得出近海台风突然增强和衰亡的一些气候背景和规律。

**第 4 章 影响因子合成分析——突然增强台风**

利用动态合成分析方法对东海和南海近海台风突然增强的大尺度环流、水汽、温度平流、急流、环境风垂直切变、涡度、海温、台风内核对流等进行合成分析，总结近海台风突然增强合成特征。

**第 5 章 影响因子合成分析——突然衰亡台风**

利用动态合成分析方法对东海和南海近海台风突然衰亡的大尺度环流、水汽、

温度平流、急流、环境风垂直切变、涡度、海温、台风内核对流等进行合成分析，总结近海台风突然衰亡合成特征。

### 第6章 各因子相反作用下台风强度的变化

对近海台风突然增强（衰亡）的影响因子进行凝练，分析这些因子对台风突然增强（衰亡）影响控制出现活跃程度及影响方式。确定环境风垂直切变、海温、内核对流爆发对台风突然增强和衰亡的预示时间，分析3个影响因子之间的相互关系及3个影响因子的综合作用对台风强度突然增强和衰亡的预示作用。

### 第7章 近海突然增强台风的个例数值模拟

利用 WRF 模式验证台风"莫兰蒂"（Meranti）开始突然增强前36 h 移经高海温海域与"莫兰蒂"强度突然增强的关系。通过改变该海域海温的敏感试验，研究海温变化与"莫兰蒂"强度变化关系，验证风垂直切变、海温、内核对流爆发与台风强度变化之间的统计关系。

### 第8章 近海突然衰亡台风的个例数值模拟

利用 WRF 模式验证台风"莫拉克"（Morakot）对热带风暴"天鹅"（Goni）的"抽吸"导致"天鹅"衰亡的观测事实。通过实况诊断和数值试验，研究台风"莫拉克"对热带风暴"天鹅""抽吸"作用的影响，得出双台风"抽吸"作用是中国近海台风衰亡的机制之一。

### 第9章 结论

总结全文研究结果，提出中国近海台风突然增强、突然衰亡的概念模型，以提供实际预报参考。

 ## 1.2 研究的目的和意义

中国是世界上受热带气旋（Tropical cyclone，简称 TC）影响最严重的国家之一。由于海水变浅（热容量减少）和海岛地形摩擦等影响，通常移近近海的台风强度往往减弱，但也有台风进入近海后强度不减反增，甚至出现突然增强，另外，还有一些较强的台风移入近海以后出现突然衰亡。尽管这两类现象是小概率事件，但容易造成因台风突然增强而防御不足、台风突然衰亡而过度防御，并造成重大的经济损失和人员伤亡或严重资源浪费。

如，8807 号台风"比尔"（Bill）于 1988 年 8 月 5 日 02 时始于琉球群岛以南海面上的一个扰动，该扰动向偏北方向缓慢移动，强度略有加强并发展成热带低压。6 日 20 时之后，台风"比尔"转向西北方向移动，强度迅速增强（图 1.1），

图 1.1　台风"比尔"1988 年 8 月 6 日 20 时（a）、8 月 7 日 20 时（b）卫星云图（NOAA）

中心附近最大风速从 6 日 20 时 15 m/s（7 级）至 7 日 20 时急剧加强到 35 m/s（12 级），中心最低气压从 998 hPa 降到 980 hPa，24 h 降压达 18 hPa。由于台风"比尔"在近海突然加强并快速登陆，造成预报失败和预防不及，浙江、安徽、河南等地人员因灾死亡 179 人，直接经济损失 11.32 亿元，著名的杭州西湖景区遭受严重破坏。

又如，超强台风"桑美"（Saomai）2006 年 8 月 5 日 20 时生成于西北太平洋加罗林群岛东部的洋面上，生成后向西北方向移动强度逐渐增强，特别是在移入近海的 8 日 20 时至 9 日 20 时期间，台风"桑美"中心附近风力从 35 m/s 迅速加强到 60 m/s，中心最低气压从 970 hPa 急降到 920 hPa，正是由于"桑美"在直扑

近海的过程中强度急剧增强，造成福建、浙江、江西、湖北等省 483 人死亡，直接经济损失达 196.58 亿元。

台风"比尔"和"桑美"共同之处在于台风在中国近海突然加强，造成防御不足，引起重灾。

然而，强台风"芭比丝"（Babs）（图 1.2）的情况则恰好相反。1998 年 10 月 25 日 08 时"芭比丝"移入南海北部海面，路径开始转折，由西北转向东北移动，逐渐向粤闽沿海靠近过程中，强度发生剧变，从 26 日 02 时至 28 日 02 时台风"芭比丝"中心风力从 33 m/s 锐减到 12 m/s；中心气压从 975 hPa 快速上升到 1004 hPa。台风"芭比丝"以接近于超强台风的强度，在靠近沿海时，突然衰亡。实际业务中，预报台风将登陆，相关部门也采取了防御措施，结果造成了过度防御。

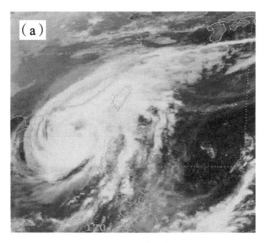

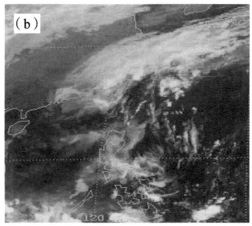

图 1.2　台风"芭比丝"1998 年 10 月 25 日 08 时（a）和

10 月 27 日 20 时（b）卫星云图（来源：NOAA）

据统计，近 10 a 来台风强度预报能力并未得到明显的提高（图 1.3）。台风强度预报本身存在较大困难，特别是台风强度突然增强和突然衰亡的预报误差更大，因此，加强对中国近海台风突然增强和衰亡的成因及机制研究，十分必要。

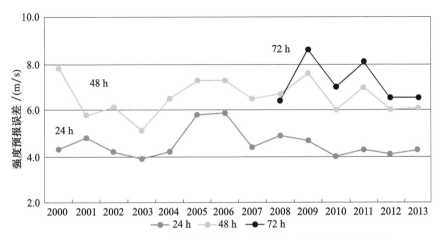

图 1.3　2000—2013 年中央气象台 24~72 h 台风强度预报误差

## 1.3　研究进展概述

进入 21 世纪国内外开展多次涉及热带气旋强度的外场科学试验（陈联寿，2010），如：

（1）THORPEX（The Observing system Research and Predictability Experiment，观测系统研究与可预报性实验）框架下的 TCS08 和 TCS10

THORPEX 是世界天气研究计划（WWRP）成员之一，在构建交互预报系统、提高对高影响天气认识、研究短中长期天气特别是天气与气候过渡尺度预报，以及预报技术经济社会效益评估等方面发挥积极作用，它是提高全球预报能力的长期计划。在其框架下包含：

TOST（THORPEX Observation System Test，THORPEX 观测系统测试）是 THORPEX 观测项目的组成部分，于 2003 年在美国和加拿大东海岸观测，主要研究中纬度环流系统与飓风相互作用对其变性的影响。

T-PARC（THORPEX Pacific Asian Regional Campaign，亚太地区的观测系统研究与可预报性实验）和 TCS08 是 THORPEX 计划的组成部分，开展于 2008 年汛

期，主要研究亚洲、西北太平洋高影响天气（High Impact Weather）可预报因子、集合预报改进以及资料同化和先进模式开发等。TCS08 是美国 2008 年组织的外场科学实验，与 T-PARC 一起，主要针对飓风的结构和转向，也涉及飓风变性和强度变化机理研究。

ITOP（Impact of Typhoon on the Ocean in the Pacific，台风对太平洋海洋的影响）和 TCS10 是由 NAVY（United States Navy，美国海军）牵头，于 2010 年实施，在西北太平洋海域观测，主要工作目标是研究海洋如何响应台风，包括台风过后在海洋上产生的冷海面，以及台风移动缓慢造成的冷海水上翻及其对台风强度变化的影响。

（2）ATCCIP（Australia Tropical Cyclone Coatal Impact Program，澳大利亚热带气旋海岸影响计划）

澳大利亚于 1994 年实施的登陆台风观测试验，主要研究登陆热带气旋强度变化及其引发灾害的演变趋势、边界层特征等，旨在寻求沿海地带减少台风灾害影响。

（3）CLATEX（China Landfalling Tyhoon Experiment，中国登陆台风外场试验）

中国实施的登陆台风外场试验，于 2002 年在广东省阳江海陵岛观测，主要目标是研究登陆台风边界层特征及其对台风强度变化的影响。

（4）CBLAST（Coupled Boundary Lary Air Sea Transfer，海气耦合边界层输送试验）

由 NAVY 牵头，于 2003—2004 年实施，在北大西洋和东太平洋海域观测，主要目的是研究强风背景下，海气相互作用通量输送对飓风强度和结构变化影响，加深对飓风边界层特征的认识。

（5）RAINEX（Hurricane Rainband and Intensity change Experiment，飓风雨带与强度变化实验）

由 NOAA（National Oceanic and Atmospheric Administration，美国国家海洋与大气局）牵头，于 2005 年在北大西洋海域实施，通过对"Rita""Ophelia""Karrina"3 个飓风的飞行探测，研究飓风外雨带和内核相互作用，并探讨该作用与飓风强度之间的关系。

（6）DOTSTAR（Dropsonde Observation for Typhoon Surveillance near the Taiwan Region，台湾地区附近下投式台风观测）

中国台湾地区实施，将探空仪自高空投下用于探测台风要素，并发送回地面预报中心输入台风数值模式，以改进台风路径和强度预报精度。

（7）973 计划（台风登陆前后异常变化及机理研究）

上海台风研究所承担的国家重大基础研究项目（973 计划），主要研究台风登陆前后的异常变化机制，目的是通过外场试验、模拟试验、资料融合、机理研究等，加深对台风登陆前后路径、强度及风雨异常变化的科学认识。

以上科学外场试验，获得大量宝贵、高分辨率的观测资料，推动了对热带气旋结构、强度的认识、理解和影响因子研究。

Chen（2011）指出，中国近海台风强度和结构变化，主要受三类影响因子影响，它们是大尺度环境场（如风垂直切变（Vertical Wind Shear，VWS））、海洋强迫（包括海表温度和海洋热容量（Oceanic Heat Content，OHC）），以及台风自身的结构（含内核强对流变化以及内核和螺旋雨带变化）。

## 1.3.1　大尺度环境场

（1）风垂直切变（VWS）

环境风垂直切变是影响台风强度变化的一个重要因子，为国内外专家所认可和关注。Gray（1968）研究指出，TC 生成于海上，小的环境风垂直切变使积云对流产生的潜热在对流层上层聚集，加热同一气柱形成 TC 暖核；如果环境风垂直切变很大，热量会快速流出不能在对流层上层聚集，不利于 TC 的生成加强。Gray（1968）进一步指出，风暴的加强与小的风垂直切变有关。Merrill（1988）认为，非加强的飓风比加强的飓风具有更大的风垂直切变。Demaria 等（1994）将风垂直切变作为重要影响因子之一应用于 SHIPS（Statistical Hurricane Intensify Prediction Scheme）model。Kaplan 等（2003）研究后得出风垂直切变在影响 TC 强度方面发挥重要作用。Frank 等（1999，2001）研究认为，高（低）风垂直切变与 TC 迅速衰亡（增强）相关。Frank 等（1999）、Braun 等（2007）认为，风垂直切变与 TC 内核结构也有密切关系。

影响 TC 强度变化的大气环境主要因子是风垂直切变。李英等（2005）认为小的风垂直切变，使高层散热少，潜热汇集、暖心生成。风垂直切变能改变台风内核结构，对台风强度变化起重要作用（Wang et al.，2004，2013；魏超时等，2011）。余晖等（2002）研究表明，9906 号台风 Olga、台风"派比安"（Prapiroon）在槽前从发展期到衰亡期，风垂直切变逐渐变大。Zeng 等（2010）研究指出，环境风垂直切变与 TC 强度的变化呈反相关。薛秋芳等（1993）认为，台风强度变化与对流层风垂直切变有密切关系。Zeng 等（2010）研究认为，风垂直切变对风暴的影响还与风暴的尺度、强度、速度、纬度有关。Zeng 等（2010）指出，风垂直切变对风暴的影响还与风垂直切变的层次、量值和方向有关，台风强度变化受东风切变影响要比西风切变小，深层 VWS 对台风强度有作用，弱台风对流层中低层 VWS（风垂直切度）对其有更明显影响。

关于环境风垂直切变临界值问题，在西北太平洋海域，气象专家的研究结果略有差异。李凡等（2010）认为，临界值约为 7~10 m/s；Zeng 等（2010）指出，VWS 大于 20 m/s 很少有增强发生。

大环境风垂直切变不利于 TC 维持，利于 TC 减弱。观测和数值试验表明，强台风能够抗拒中等强度风垂直切变（Wang et al.，2004；Reasor et al.，2004；Zeng et al.，2007，2008；陈联寿 等，2012）。

台风强度变化与环境风垂直切变存在滞后现象（Gallina et al.，2002）。Paterson 等（2005）研究指出，TC 强度变化滞后时间约 12~36 h；魏娜等（2013）研究指出，滞后时间约 18~24 h；张建海等（2011）研究指出，时间滞后约 6 h。本文作者在研究中国近海台风突然增强和衰亡与环境风垂直切变的关系时也发现滞后现象。

尽管环境风垂直切变是影响台风强度的一个重要因子，但目前计算环境风垂直切变的方法不一，主要有 200~850 hPa 纬向风 U 之差及台风中心 5°×5° 范围风矢量之差两种方法，得出的风切数值不一，但量级大小的区别基本可以得到体现。环境风垂直切变是如何影响台风强度变化的？目前仍然是台风科学研究中了解甚少的领域，这可能是为何台风强度预报能力提高缓慢的原因之一。因此，考虑环境风垂直切变影响台风强度变化还需要与其他影响因子进行综合诊断。

（2）水汽通道和季风涌

低层的偏南或偏东气流向台风输送水汽和能量似乎已成了不争的事实。Emanuel（1991）发现，TC 强烈旋转风场的主要能量来自于热带洋面的热量和水汽。研究表明，暖海温加热造成低层水汽辐合增强，加剧凝结潜热释放和台风对流发展，促使暖心生成、加强，台风强度增强，水汽是台风增强的重要因子（陈光华 等，2005；薛根元 等，2007a,b；禹梁玉 等，2014）。寿绍文等（1995）对比台风强度爆发期较其之前的平缓期发现，副高强度加强，台风东南气流和西南气流加强，输入台风的水汽通量增加，从而加大水汽、能量卷入热带气旋内核区，台风中心风垂直切变值变小。刘春霞等（1995）研究表，明来自低纬的水汽和能量输入，对台风突然增强有重要作用。胡春梅等（2005）研究表明，华南地区突然增强台风登陆前，台风内部有明显的西南气流卷入。李君等（2006）、李英等（2009）指出，水汽主要来自低空和超低空急流，水汽辐合，突然增多，台风增强。魏娜等（2013）研究指出，就水汽输送条件而言，在对流层低层突然增强 TC 比突然衰亡 TC 的条件明显要好。丁一汇等（2003）认为，台风水汽主要在南边界流入，在北边界流出，将台风纳入一个箱框，箱框中水汽流入大于水汽流出，水汽盈余，台风加强。李英等（2005）研究表明，南边界水汽输送对 TC 维持最重要，其次为东边界，再次为北界和西界。Chen Lianshou（2011）认为，季风涌是导致 TC 强度增强的另一个重要原因，季风涌与 TC 相互作用时，TC 吸入季风涌中大量的湿云簇，会导致 TC 增强或延长其在陆上的生命期。

目前台风强度变化与水汽通道的关系已经比较清楚，台风与水汽通道联结，台风维持加强，而一旦水汽通道中断，台风强度衰亡。李英等（2009）研究指出，台风内核水汽输入与台风内核对流运动成正比，即水汽输入台风内核少，台风内核对流运动弱。黄荣成等（2010）研究表明，由于水汽供应不足，造成突然减弱 TC 的能量入不敷出，TC 获得的潜热难以供应 TC 自身的能量消耗。赵凯等（2005）研究认为，台风强度减弱与水汽通量辐合层降低、强度减弱有关。

（3）中尺度系统的卷入及双台风相互作用

台风附近中尺度涡卷入，是台风强度增强的一种形式。陈联寿等（2002）研究表明，一个中尺度系统卷入热带气旋涡旋，该涡旋吸入中尺度系统的能量、水汽和正涡度，显著增强热带气旋强度。中尺度涡卷入台风的另一种形式为，当台风靠近海陆分界线，其附近的正涡度云团被卷入台风，台风强度增强。罗哲贤（2003）研究了一个从外区伸展到内区的较小尺度的涡旋对，该涡旋对来自于起初在热带气旋外区的一个中尺度涡旋与热带气旋涡旋的相互作用，这是一种将涡传入热带气旋中心的方式，气旋内区涡量增多，强度加强。马红云等（2003）研究指出，中尺度涡旋的涡量进入台风中心区域是台风强度维持或加强的原因。李娟等（2009）将小涡合并，正涡增多，TC 形成。余晖等（2001）研究指出，若台风中心附近多数地方涡度加强，则台风强度突然增强；若台风中心附近多数地方涡度不变甚至减弱，则台风强度减弱。陈光华等（2005）研究南海风暴近海加强指出，风暴内核区中小尺度系统通过非线性作用和轴对称化过程方式，将能量传入内区，风暴强度加强。

近年来双台风相互作用对台风强度的影响进入视野。早在 20 世纪 70 年代，陈联寿等（1979）研究表明，双台风的"合并"会使台风强度增强，如热带风暴 Ellen 和强热带风暴 Fran 的合并形成一个双眼台风，强度加强。本文作者在研究近海衰亡热带风暴"天鹅"时，看到"天鹅"的低层正涡度被位于东北方位的台风"莫拉克""抽吸"，"莫拉克"强度增强，而"天鹅"强度衰亡。李英等（2009）在研究超强台风"桑美"（Saomai）与强热带风暴"宝霞"（Bopha）相互作用时，看到位于西南方位的"宝霞"正涡度被"抽吸"流入"桑美"，"桑美"强度迅速增强，发展成超强台风，而"宝霞"消亡。观测和数值试验表明，双台风的"抽吸"作用，可能是中国近海台风衰亡的一种机制之一，但目前对这种可能的新机制还缺少深入研究。

### 1.3.2 海洋强迫作用

#### （1）海温和海洋热容量（OHC）

陈联寿等（2012）研究指出，海洋对热带气旋的突然增强和衰亡极其重要。Demaria 等（1994）将海洋作为首要因子应用于 SHIPS model。陈联寿（2012）观测研究表明，海洋热容量与 TC 加强的关系比海温更密切。当台风移入冷海面时，不利于台风强度的维持，甚至造成衰亡，TC 衰亡的影响因子包括低于 25℃的冷 SST（Chen Lianshou，2011）及冷海水上翻（陶诗言，1980）等。

SST 高于 27℃是台风强度增强的基础条件，27~30℃海温海域适于 TC 加强。Robert 等（1982）认为，TC 的生成通常与 26~27℃的 SST 或更高的 SST 相联系。许多学者认可 27℃的 SST 是热带气旋发展加强的阈值（Johnny et al.，2001；Chan et al.，2001 a，2001b；Kaplan et al.，2003）；朱晓金等（2012）认为 SST > 28℃是热带风暴发展成台风的海温条件。

海洋通过表面热通量对 TC 强度产生影响。表面热通量与海温、海洋混合层深度、垂直结构有关（端义宏 1995）。输入台风的海洋潜热和感热通量与 SST 高低有关（王坚红 等，2012）。台风对 SST 的响应程度与台风所处的生命阶段、移动速度有关，台风处生命成熟期与生命衰弱期，台风对 SST 的响应不同（赵彪 等，2012；胡耀辉，2013）。数值试验（Emanuel，1988；端义宏，1995；Chan et al.，2001a；Emanuel et al.，2004；Jiang，2007）表明，TC 中心海温与 TC 的强度对应关系是，SST 上升，TC 强度加强；反之，SST 下降，TC 强度减弱；如海温降低 1℃，气压上升 18.9 hPa；SST 上升 2℃，TC 中心气压下降 16 hPa 等。另外，Cione 等（2003）研究表明，台风中心附近 SST 小的变化会对台风潜热引起大的变化，直接影响台风强度。因此，台风中心附近或者说台风内核区 SST 的变化对台风强度变化有重要作用。

事实上，SST 变化相应地改变了对流层低层的温度和水汽。吴雪等（2013）

和韩树宗等（2014）研究都认为，SST 不是影响台风强度变化的唯一因子，SST 对台风强度变化的影响与台风发展所处的阶段、台风的移动速度及环境风垂直切变大小等有关。

TC 的强度变化对 SST 的响应存在时间滞后。Shay 等（2000）研究飓风 Opal 移经墨西哥湾暖水区，发现 Opal 最低气压值不是出现在暖水区，而是离开暖水区进入冷水区之后，飓风强度达到最强与暖水区作用存在滞后现象，即飓风强度对 SST 的响应存在时间滞后。陈联寿（1979）研究指出，台风对 SST 的响应时间大致为 8~16 h。Duan 等（2000）数值模拟表明，台风强度变化对 SST 变化的响应时间大致为 8~16 h，台风中心最低（高）气压出现时间，约滞后 SST 变化 18~40 h。刘磊等（2011）的研究结果认为，42 h 之前的对流加强，是台风之后强度达到最强的原因。另外，台风活动对海洋 SST 的降温影响与台风强度、移速、海洋环流、台风强迫有关，且存在时间滞后（刘磊 等，2011；杨元建 等，2012）。

当前 SST 被广泛应用于海洋对台风影响研究，不足在于，国内对 OHC 与台风之间关系研究涉及较少。另外，海温和海洋热容量观测资料匮乏，目前开展相关研究只能从美国网站获取日海温资料，难以获取小时分辨率海温数据资料和 OHC 观测数据。

（2）海洋飞沫

台风影响期间，在强风作用下，海气界面生成大量破碎的海洋飞沫（Sea Spray），这些飞沫在台风边界层生成、蒸发对对流层上层暖核区产生影响，并改变海气边界层温湿结构，从而对台风结构和强度演变产生影响。气象学者近年来将 Andreas 和 Fairall 海洋飞沫参数化方案引入到高分辨率、非静力中尺度模式中，模拟发现热带气旋范围内的潜热和感热通量明显增强，尤其是潜热通量明显增加，对流层低层风速明显增大，台风结构变化明显，暖心结构更加合理，模拟的热带气旋强度更接近实况。Wang 等（2001）加入飞沫参数模拟台风，台风最大风速增强 8%，台风内核附近的边界层结构和对流发生明显改变。Zeng 等（2012）在 WRF 模式中加入飞沫参数模拟台风表明，边界层辐合和表面热通量均得到加强，台风强度增强。黎伟标等（2004）引入海洋飞沫参数，模拟的台风潜热通量、10 m 风速均增大，台风强度更接近实况。郑静等（2008）加入海洋飞沫参数后，台风潜热增加达 35% 以上，台风气压、强度及台风暖核都加强。刘磊等（2010，2011）在研究中加入海洋飞沫参数，通过改变海表粗糙度，海表热通量发生变化，台风暖心结构变化，从热力场影响动力场，使得模拟的台风强度与实况较接近，但模拟的台风移动路径变化不大。孙一妹等（2010）

研究指出，海洋飞沫通过潜热改变台风温湿场结构，对台风结构和强度起改变作用。王平等（2012，2014）研究认为，海洋飞沫参数引入，可以改变台风眼墙区域内物理参数，对流层低层风速明显加大，对台风强度和结构模拟有改进，对台风路径影响不大。张连新等（2014）引入海洋飞沫参数后，不仅热通量显著增加，动量转移也增加了。

目前海洋飞沫研究工作主要是在数值模拟领域，飞沫对台风强度变化影响与飞沫参数设定有较密切关系。不足之处在于，目前对飞沫观测不足，利用观测对模式模拟结果检验不够，飞沫对台风强度变化的物理过程认识还不够，使得海洋飞沫影响效应目前尚不能应用于实际预报。

## 1.3.3　台风结构变化

台风结构的变化，特别是台风内核的变化，涉及台风内核结构和台风内核对流。台风内核对流爆发对台风强度变化起重要作用。台风内核对流对维系台风生命期有密切关系，台风内核对流爆发，会导致台风强度快速加强（刘裕禄等，2009）；反之，台风内核对流减弱、内核眼墙崩溃，能导致台风强度急剧衰减（Kaplan et al.，2003）。台风内核对流的爆发或衰减与环境风垂直切变及海洋等影响因子制约作用有关。曹钰等（2013）研究指出，台风内核对流核总数密度大（小），则台风强度强（弱）；台风强度与内核的 TBB 平均值有密切相关，即 TBB 越低台风强度越强。周立等（2009）通过高分辨率数值模拟强台风"云娜"（Rananim）表明，位于热带气旋眼壁东南部的小尺度对流，显著改变眼壁的结构、质量和强度。Corbosiero 等（2003）发现，在台风移动方向的右前象限之台风内核中集中着最多的闪电。顾宇丹等（2013）统计观测指出，台风内核闪电活动与台风内核对流爆发存在时间滞后现象，闪电活动大约滞后对流爆发 3~5 h，而台风内核出现闪电活动后，6~12 h 后台风强度加强。可见，台风内核对流爆发对台风强度加强存在时间提前量，提前 9~17 h。王瑾等（2005）利用 TBB 建立的热带气旋强度估算关系式，发现 TBB 与迅速增强和迅速减弱的热带气旋存在滞后现象。吴联要等（2012）研究认为，热带气旋内核区放大（收缩）与热带气旋减弱（增强）有关。

与移动主要受环境引导气流影响不同，环境场、下垫面及台风结构对强度变化的贡献相当。通常"高海温、低风切"使台风增强、"低海温、高风切"使台风衰减。然而，当"低海温"与"低风切""高海温"与"高风切"同时发生时台风是增强还是衰减？以及多个影响台风强度因子共同作用是如何影响台风强度变化的并不甚清楚，本文将重点对此进行研究。

第 **2** 章

# 资料、方法和模式

##  2.1 资料来源

本节所使用的资料主要包括：

（1）热带气旋路径、强度等资料，取自中国气象局整编的《热带气旋年鉴》资料（1949—2013 年）。

（2）环境场资料，取自 NCEP（National Centers for Environmental Prediction，国家环境预报中心）/NCAR（National Center for Atmospheric Research）的两套再分析数据集，含每日 4 次的风、温、湿、高度等要素。其中，一套数据集资料的水平分辨率为 2.5°×2.5°，垂直共 17 层，1951—2006 年，用于突然增强和衰亡台风合成分析。另一套分辨率为 1.0°×1.0°，垂直 26 层，2009—2010 年，用于台风数值模拟。

（3）海表温度（SST）资料，取自美国国家海洋大气局—环境科学研究合作研究所（NOAA-CIRES）气候诊断中心（CDC）网站（http://www.cdc.noaa.gov）提供的日平均海表再分析温度，水平分辨率为 0.25°×0.25°，1981—2010 年，用于提取台风突然增强或衰亡前后台风中心 SST。

（4）卫星 TBB 资料，取自日本静止气象卫星 M1TR IR1，时间分辨率为 1 h、空间分辨率为 0.05°×0.05°，1995—2008 年，用于计算台风突然增强或衰亡前后台风内核对流密度。

## 2.2 研究方法

### 2.2.1 动态合成分析方法

本节运用跟随热带气旋移动的动态合成方法，用来研究热带气旋环境场特征。其原理如图 2.1 所示，具体算法如下：

$$\bar{S}(x,y)=\frac{1}{N}\sum_{1}^{N}S(x,y)$$

式中，$(x,y)$ 为格点坐标，$S(x,y)$ 为某一时刻的要素场，$\bar{S}(x,y)$ 为 $N$ 个样本平均后的值。

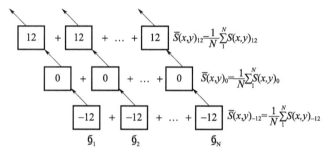

图 2.1　TC 路径（实线）和合成时次的区域（方框）

（–12 表示 TC 强度突变前 12 h, 0 表示 TC 强度突变时，12 表示 TC 强度突变后 12 h）

### 2.2.2 台风内核对流数计算方法

该方法是基于岳彩军等（2006）发展的对流云和层云的分离技术，主要思路如下：一是设定降水云，格点云顶温度 TBB ≤ 253 K；二是该格点周边格点（东、西、南、北 4 个格点）的 TBB 大于或等于该格点 TBB，则定义该格点为低云顶亮温，记为 $T_{\min}$，计算该点的对流倾斜参数，公式为：

$$S_{i,j}=\frac{\bar{\Delta}}{4}\left[\frac{T_{i-1,j}+T_{i+1,j}-2T_{i,j}}{\Delta_{EW}}+\frac{T_{i,j-1}+T_{i,j+1}-2T_{i,j}}{\Delta_{NS}}\right]$$

式中，$T_{i,j}$ 即为 $T_{\min}$，$\bar{\Delta}\approx 5.8$ km，$\Delta_{EW}=\Delta_{NS}\approx 5.6$ km。

计算对流倾斜参数临界值 $S_{\text{lope}}$ 公式为：

$$S_{\text{lope}}=\exp[0.0826（T_{\min}-217）]$$

当对流倾斜参数大于临界值时，则认定 $T_{\min}$ 为对流核。定义台风最大风速半径范围内的对流核数除以最大风速半径范围面积，作为台风内核对流密度。

### 2.2.3　环境风垂直切变计算方法

计算台风中心附近 200 hPa 与 850 hPa 的环境风矢量之差，即

$$V_{WS}=\left|\vec{U}_{200}-\vec{U}_{850}\right|$$

式中，$V_{WS}$ 代表环境风垂直切变，$\vec{U}_{200}$、$\vec{U}_{850}$ 分别表示 200 hPa 和 850 hPa 的风矢量。

### 2.2.4　突然增强和衰亡的标准

应用中国气象局整编的 1949—2013 年《热带气旋年鉴》，根据中国"八五"科技攻关项目规定标准，以 12 h 近海热带气旋中心附近最大风速增大 10 m/s 以上作为近海台风强度突然增强的样本标准；以热带气旋在近海衰亡（中心最大风力在 6 级以下），且在衰亡前伴有突然减弱（中心附近最大风速 12 h 内减小 10 m/s 以上）为近海台风突然衰亡的标准。

### 2.2.5　中国近海的定义

中国近海以（37°N，126°E）到（35°N，124°E）、（30°N，126°E）、（21°N，122°E）、（16°N，110°E）、（16°N，108°E）的连线至中国大陆之间的海域（图 2.2）。

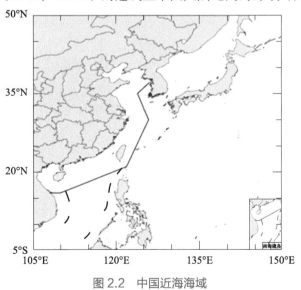

图 2.2　中国近海海域

## 2.3 WRF 模式简介

本研究使用的 WRF（Weather Research Forcast）ARW（Advanced Research WRF）3.4 是在美国 NCEP、NCAR、FSL（Forcast Systems Laboratory）等机构，继 2000 年、2004 年、2008 年 3 个版本发布后，于 2012 年发布的新改进版本。模式设计采用：（1）垂直方向上：采用地形跟随质量 η 坐标（图 2.3）；（2）水平上：荒川 C 网格点（图 2.4）；（3）时间积分上：三阶或四阶 Runge-Kutta；（4）非静力、完全可压缩。模式具备效率高、扩展能力强、使用方便等特点。

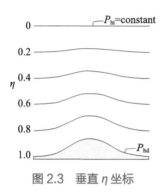

图 2.3　垂直 η 坐标

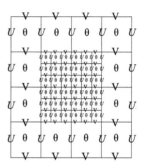

图 2.4　荒川 C 网格图

（曾智华，2011）

WRF 的控制方程组为：

$$\frac{\partial U}{\partial t} + (\nabla \cdot \vec{v}\, U)_\eta + \mu\alpha\, \frac{\partial p}{\partial x} + \frac{\partial p}{\partial \eta}\, \frac{\partial \phi}{\partial x} = F_U \qquad (2.1)$$

$$\frac{\partial V}{\partial t} + (\nabla \cdot \vec{v}\, V)_\eta + \mu\alpha\, \frac{\partial p}{\partial y} + \frac{\partial p}{\partial \eta}\, \frac{\partial \phi}{\partial y} = F_V \qquad (2.2)$$

$$\frac{\partial W}{\partial t} + (\nabla \cdot \vec{v}\, W)_\eta - \left( \frac{\partial p}{\partial \eta} - \mu \right) = F_W \qquad (2.3)$$

$$\frac{\partial \theta}{\partial t} + (\nabla \cdot \vec{v}\, \theta)_\eta = F_\Theta \qquad (2.4)$$

$$\frac{\partial \mu}{\partial t} + (\nabla \cdot \vec{V})_\eta = 0 \qquad (2.5)$$

$$\frac{\partial \phi}{\partial t} + (\vec{v} \cdot \nabla \varphi)_\eta = gw \qquad (2.6)$$

# 气候特征分析

　　利用中国气象局整编的《热带气旋年鉴》资料（1949—2013年），对中国近海台风强度突然增强和衰亡的气候特征进行了分析，得出如下结论：

　　（1）近海突然增强台风约占近海台风总数的9.4%，年均出现频次不到1.5个，是一个小概率事件；在20世纪50—70年代出现一个高峰，60年代达最高值，2000年后明显减少。有的年份出现最多可达4个，有的年份无发生。近海突然增强台风出现在4—10月间，7—9月为盛期，出现海域主要在南海北部，其次为东海，在黄海很少发生。

　　（2）近海突然衰亡台风约占近海台风总数的2.2%，也是一个小概率事件。统计结果显示，强度突然衰亡存在年代间变化，突然衰亡台风在20世纪60—70年代出现一个高峰，70年代最多，80—90年代迅速减少，2000年后迅速增多；有的年份出现较多可达2~3个，多数年份没有出现。突然衰亡台风存在明显的时空分布特征，发生在4月和7—11月，盛期在10—11月间；主要出现在南海北部、台湾以东海域和东北海域。

# 第4章

# 影响因子合成分析
## ——突然增强台风

第3章统计表明,尽管近海台风突然增强是一个小概率事件,但在南海、东海和黄海均有突然增强台风出现,且当前对台风强度变化的物理过程认识尚不足。陈联寿(2011)认为,影响台风强度变化的主要因素不仅有风垂直切变和海洋强迫,还有台风内核对流。风垂直切变是影响台风发展的主要环境因子之一。影响台风强度增强的环境因子还有低空急流和水汽输送、高空急流和流出气流、季风涌、中纬度槽、环境涡旋合并、高空冷涡、双台风相互作用等诸多因子。近年来,对台风突然增强研究逐渐增多(Duan et al.,2000;Emanuel et al.,2004;雷小途 等,2009;曾智华,2011),并取得一些进展,但是针对中国近海台风的突然增强,特别是其影响因子以及这些影响因子是如何控制台风增强的相对较少关注。本章针对台风突然增强相关的影响因子开展分析。

## ◤ 4.1 合成样本遴选

将近海突然增强台风划分为东海近海突然增强台风和南海近海突然增强台风,运用动态合成分析方法,分析突然增强台风的一般特征。

按海域相同、强度突然增强标准选取样本。根据中国气象局整编的《热带气旋年鉴》资料,1949—2013 年间东海和南海分别有 10 个和 65 个台风发生突然增强现象,考虑资料的时间代表和典型台风,选取东海近海突然增强台风样本 5 例(图 4.1a)。南海近海突然增强台风样本 16 例(图 4.1b)。采用每天 4 次、经纬网格距 2.5°×2.5°,垂直方向 1000 hPa 至 10 hPa 共 17 层的 NCEP 全球格点资料对 2 组台风分别进行合成。合成时次选取台风强度突然增强前 12 h、突然增强时、突然增强后 12 h 3 个时次。

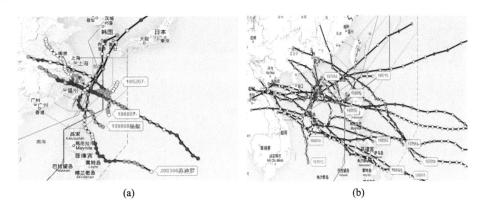

(a)　　　　　　　　　　　　　　(b)

图 4.1　近海突然增强台风路径

((a) 东海；(b) 南海)

## 4.2　基本特征分析

### 4.2.1　500 hPa 高度场

图 4.2 为近海台风突然增强前后 500 hPa 高度场，可见，东海和南海近海突然增强台风北侧有 585 dagpm 线覆盖的东西带状副热带高压（以下简称副高）维持，从突然增强前 12 h（图 4.2a、d）到突然增强时（图 4.2b、e）副高面积增大，说明副高强度稳定且增强，这与寿绍文等（1995）研究指出的台风强度爆发伴随着副高强度加强的结论相符。副高北侧西风带平直以短波槽波动东传为主。

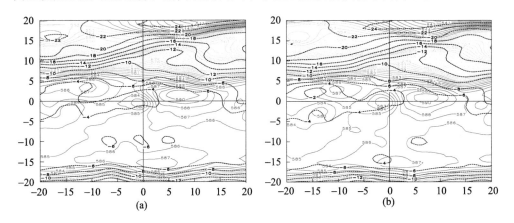

(a)　　　　　　　　　　　　　　(b)

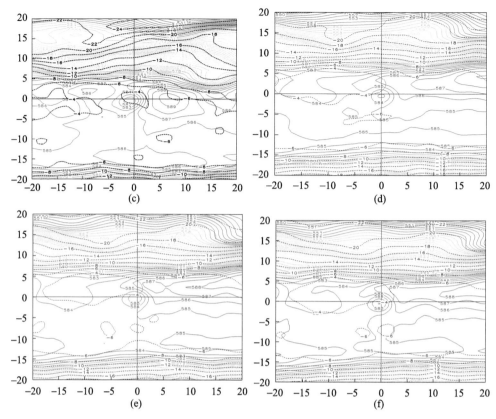

图 4.2　台风突然增强前 12 h（a、d）、突然增强时（b、e）、突然增强后 12 h（c、f）500 hPa
高度场（实线）和温度（虚线）

（图中坐标原点为台风中心，横坐标和纵坐标为经纬向格点，全书同。（a）～（c）东海，（d）～（f）南海）

对比图 4.2a、d、图 4.2b、e、图 4.2c、f，可见东海台风突然增强时副高 585 dagpm
线覆盖的面积明显比南海副高偏大，且东海副高在台风突然增强前 12 h 和增强时，
始终有 590 dagpm 线的闭合高压中心，南海副高强度偏弱没有 590 dagpm 的高压
中心出现。说明东海台风突然增强时副高面积比南海副高面积大、强度强。东海
台风与副高 588 dagpm 线西脊点距离明显比南海台风近。

## 4.2.2　850 hPa 水汽输送

图 4.3 表示台风突然增强前后 850 hPa 水汽输送通量场，可见，东海和南海
台风突然增强前后有西南低空水汽输送和东南低空水汽输送，西南低空水汽输送
是突然增强台风主要的水汽来源，伴随着西南季风涌的爆发和越赤道气流流入，

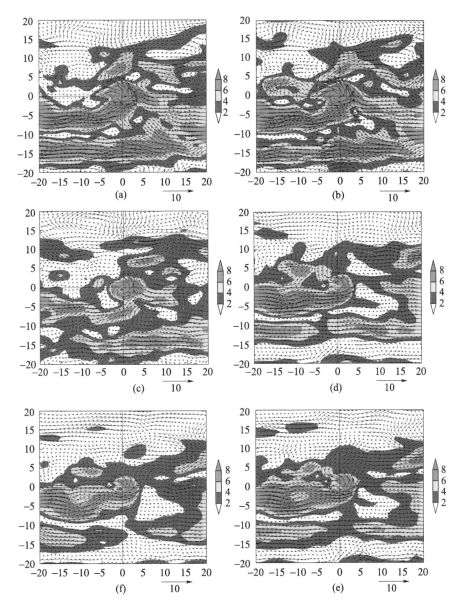

图 4.3　台风突然增强前 12 h（a、d）、突然增强时（b、e）、突然增强后 12 h（c、f）
850 hPa 水汽通量（单位：g/(s·hPa·cm)）

（阴影区为水汽通量 ≥ 2 g/(s·hPa·cm) 的水汽带，每增加 2 g/(s·hPa·cm)，阴影区的颜色就加深一级，

箭头为水平风矢量场；（a）～（c）东海，（d）～（f）南海）

在突然增强前后该水汽带内始终存在超过 8 g/(s·hPa·cm) 的水汽核（图 4.3a~f
银灰色阴影），西南方向充沛的水汽"尾巴"持续联结台风环流，卷入台风内区，

在台风中心附近形成水汽通量强度超过 8 g/(s·hPa·cm) 水汽核，水汽核持续增长。充沛的水汽输送有利于热带气旋潜热释放暖心增强，台风强度增强。

在台风突然增强前和增强时，东海台风西南水汽输送带上超过 8 g/(s·hPa·cm) 的水汽核（图 4.3a、b 西侧银灰色阴影）比南海台风西南水汽输送带上的水汽核（图 4.3d、e 西侧银灰色阴影）范围大且更向台风伸展，超过 8 g/(s·hPa·cm) 的水汽输送带在东海呈连续状，在南海呈断裂状。到增强后 12 小时南海台风西南水汽带上水汽核（图 4.3f 西侧银灰色阴影）反而比东海台风西南水汽带上水汽核（图 4.3c 西侧银灰色阴影）范围大。

东海台风中心附近超过 8 g/(s·hPa·cm) 的水汽核（图 4.3a、b 东侧银灰色阴影）范围明显比南海台风中心附近的水汽核（图 4.3d、e 东侧银灰色阴影）范围大。简而言之，东海西南低空水汽输送比南海低空水汽输送强。对比分析图 4.3a、b、c 和图 4.3d、e、f 的台风东侧低空东南急流，可见，东海台风来自东南的低空水汽输送也比南海台风东南低空水汽输送强。

### 4.2.3  925 hPa 温度平流

图 4.4 表示台风突然增强前后 925 hPa 温度平流场，可以看到，东海和南海突然增强台风从突然增强前 12 h 就有暖平流（图 4.4a、d 黄色阴影）出现在台风低层西南方向，在西南气流的引导下卷入台风内区，在台风中心附近形成大于 $2 \times 10^{-5}$ K/s 的暖平流中心（图 4.4a、d 台风中心附近实线闭合区），在突然增强前后低层暖平流呈持续流入台风状态，加热台风低层。

东海台风在突然增强前 12 h 大于 $6 \times 10^{-5}$ K/s 的暖平流中心就出现在台风的东北部（图 4.4a、b、c 台风中心东北实线闭合区），南海台风在南部出现 $2 \times 10^{-5}$ K/s 的暖平流中心（图 4.4d、e、f 台风中心南部实线闭合区）。分析可见，东海暖平流中心来自西南和东南两支低空急流汇流，而南海暖平流中心主要来自西南急流输送，东南急流输送明显偏少，由此造成东海台风暖平流中心比南海台风暖平流中心范围大、强度强，这与上节分析的东海、南海台风 850 hPa 水汽输送状况是类同的。东海台风（图 4.4a、b、c）北部相距 10 个格距附近暖平流最大值维持在 $6 \times 10^{-5} \sim 12 \times 10^{-5}$ K/s 间，南海台风（图 4.4d、e、f）北部相应位置暖平流范围偏小、最大值偏弱，在 $4 \times 10^{-5} \sim 8 \times 10^{-5}$ K/s 间，主要原因在于该暖平流所在区域受副高控制，进一步说明 500 hPa 高度场上东海副高比南海副高偏强，这与上节 500 hPa 高度场中分析的东海、南海副高强弱结论一致。南海副高强度偏弱是造成南海台风来自东南低空方向暖平流和水汽输送偏弱的原因之一。

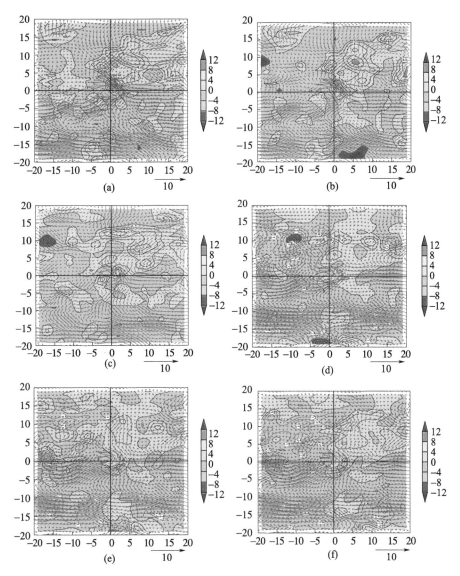

图 4.4　台风突然增强前 12 h（a、d）、突然增强时（b、e）、

突然增强后 12 h（c、f）925 hPa 温度平流场

（实线为温度平流线，单位：×10⁻⁵ K/s，间隔：2×10⁻⁵ K/s；黄色阴影代表暖平流，蓝色阴影代

表冷平流，箭头为水平风矢量场；(a)～(c) 东海，(d)～(f) 南海）

## 4.2.4　200 hPa 急流

图 4.5 表示台风突然增强前后高空 200 hPa 急流场，可以看出，在台风突然增强

前后，东海（图4.5a、b、c）和南海（图4.5d、e、f）台风中心北侧5~6个格距处均始终维持一支强的高空急流。在突然增强台风北侧外围维持的高空急流较平直。

台风南侧东北急流的强度均达18~26 m/s，出现强的流出气流（即风速＞20 m/s的向外流出急流），说明台风高层流出气流强，有利于诱发对低层的抽吸作用，为低层辐合和低压环流发展提供动力条件。

东海台风200 hPa高空反气旋北侧最大风速＞26 m/s的急流在突然增强前后始终呈东西带状维持（图4.5a、b、c台风中心东北侧红色区域），南海台风200 hPa高空反气旋北侧外流气流（图4.5d、e）较之东海偏弱。突然增强前12 h和突然增强时东海台风南侧东北外流气流（图4.5a、b）最大风速22~26 m/s的范围比南海台风（图4.5d、e）的范围大，在突然增强后12 h反而东海台风南侧流出气流比南海台风小（图4.5c、f）。对比后可知，突然增强时，东海台风高层流出气流比南海台风流出气流强。

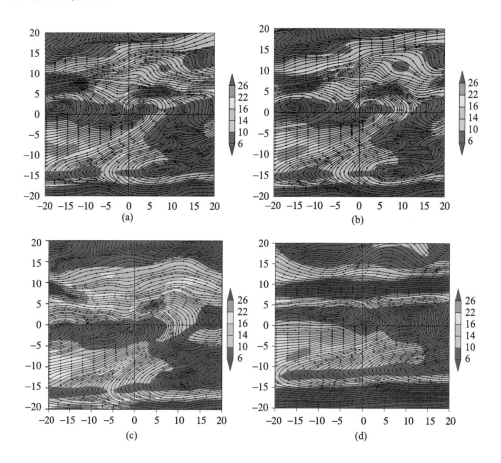

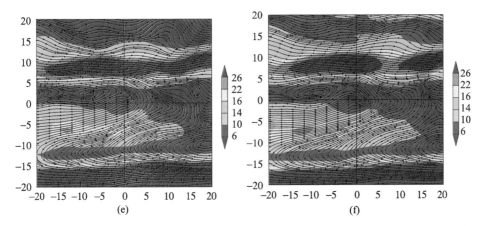

图 4.5　台风突然增强前 12 h（a、d）、突然增强时（b、e）、突然增强后 12 h（c、f）

200 hPa 高空急流

（单位：m/s，红色阴影代表高空急流，紫色阴影代表＜ 6 m/s 的风；实线为高空风流场

（a）~（c）东海，（d）~（f）南海）

## 4.2.5　200 hPa~850 hPa 风垂直切变（VWS）

图 4.6 表示台风突然增强前后 200~850 hPa 环境风速垂直切变场，可以看出，东海（图 4.6a、b、c）和南海（图 4.6d、e、f）突然增强台风环境场（图 4.6 红色箱框）的风速垂直切变强度逐步略减小，台风中心附近维持在 5~10 m/s，且外围风速垂直切变少动基本无靠近台风之势。风速垂直切变加大大气高层通风，带走高层热量，减弱台风高层暖核，不利于台风维持。东海和南海突然增强台风环境风速垂直切变较小，被带走高空热量少。对比分析台风西北侧外围 30 m/s 的风速垂直切变范围南海台风（图 4.6d、e、f）比东海台风（图 4.6a、b、c）大；台风西南侧 30 m/s 的风速垂直切变与南海台风的距离比东海台风近。简言之，南海台风环境风速垂直切变比东海台风偏大。

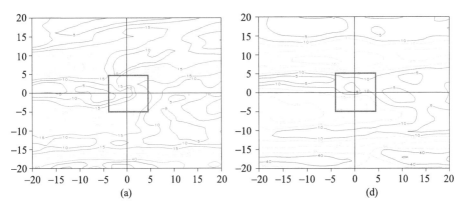

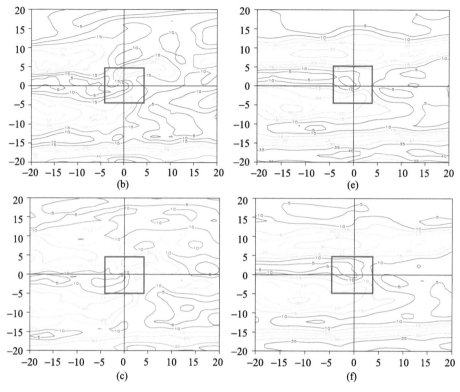

图 4.6  台风突然增强前 12 h（a、d）、突然增强时（b、e）、突然增强后 12 h（c、f）

200~850 hPa 风速垂直切变

（单位：m/s，间隔：5 m/s；（a）~（c）东海，（d）~（f）南海）

### 4.2.6  850 hPa 涡度

对比东海和南海突然增强台风低层涡度场，东海（图 4.7a、b、c）和南海台风（图 4.7d、e、f）突然增强前后，东海台风低层西南和东南方向有两条正涡度带与台风本体联结，而南海台风仅有西南方向一条正涡度带与台风本体联结，东南方向的涡带不明显。对比该正涡度带强度表明，东海最大可达 $3.5 \times 10^{-5} \sim 5.5 \times 10^{-5}$/s，南海最大仅 $2.5 \times 10^{-5} \sim 3.5 \times 10^{-5}$/s，东海涡带明显比南海偏强，在此过程中涡量卷入台风内区。另外，由于低层正涡度的卷入，自台风突然增强前 12 h 开始东海、南海台风本体结构逐渐变得对称、密实。

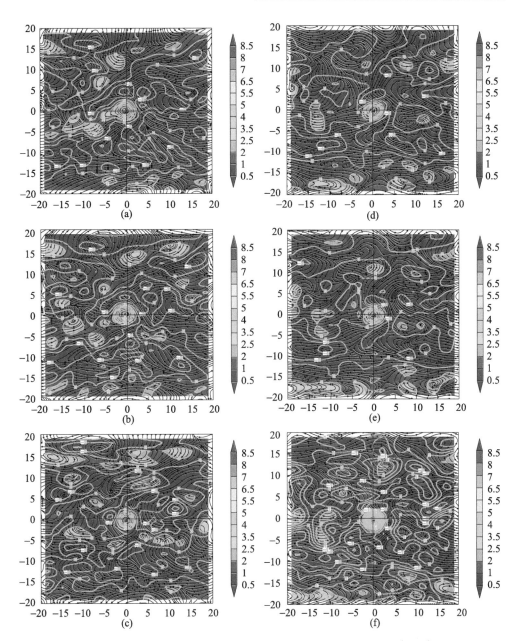

图 4.7　台风突然增强前 12 h（a、d）、突然增强时（b、e）、突然增强后 12 h（c、f）850 hPa 涡度

（单位：$10^{-5}s^{-1}$；（a）~（c）东海，（d）~（f）南海）

## 4.2.7　海表温度（SST）

日海温资料 1981 年后才有，故将 1981 年作为统计起始年，共统计得 1981 年

后 25 个近海突然增强台风，其中东海 7 个、南海 18 个。东海台风突然增强时中心平均 SST 为 27.5℃（7 个东海台风中心 SST 平均，其中 0314 号台风的 SST 最高为 28.4℃，0306 号台风最低 26.3℃）。南海台风突然增强时其中心平均 SST 为 28.3℃（18 个南海台风中心 SST 平均，其中 8817 号台风的 SST 最高为 29.9℃，9618 号台风最低 26.5℃）。不仅突然增强时南海台风所处的海温比东海台风高，对比表 4.1 和表 4.2 可见，除 −24 h 海温相等外，突然增强前后其他各时次南海台风所处海温均比东海台风海温高。

统计表明，东海台风在突然增强之前海温呈波动式下降（表 4.1、图 4.8），

表 4.1　7 个东海台风合成中心平均海温和平均气压

| 台风增强前后时间 /h | −42 | −36 | −30 | −24 | −18 | −12 | −6 | 0 | 6 | 12 |
|---|---|---|---|---|---|---|---|---|---|---|
| 平均海温 /℃ | 28.6 | 28.9 | 28.5 | 28.7 | 28.4 | 28.1 | 27.7 | 27.5 | 27.0 | 26.2 |
| 平均气压 /hPa | 987 | 988 | 987 | 983 | 979 | 977 | 970 | 959 | 958 | 958 |

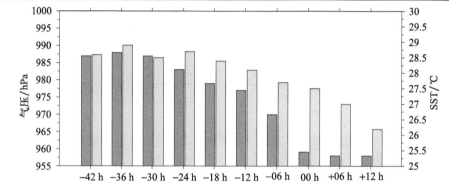

图 4.8　8807 号、9017 号、0608 号等 7 个东海台风增强前后其合成中心平均海温和平均气压

（蓝色柱为平均海温，黑色柱为平均气压）

台风突然增强 36 h 前的海温最高为 28.9℃，次高出现在突然增强 24 h 之前为 28.7℃，在进入海温相对低（28.1℃）的海域后台风突然增强，此后伴随海温明显下降，但东海突然增强台风始终在中海温以上海域活动。

南海台风在突然增强之前海温也呈波动式下降（表 4.2、图 4.9），36 h 前的海温最高为 29℃，此后下降。与东海突然增强台风一样是在移入海温相对低（28.5℃）海域后台风突然增强，统计表明南海台风始终在 27.9℃ 之上海域活动。

表 4.2　18 个南海台风合成中心平均海温和平均气压

| 台风增强前后时间 /h | −42 | −36 | −30 | −24 | −18 | −12 | −6 | 0 | 6 | 12 |
|---|---|---|---|---|---|---|---|---|---|---|
| 平均海温 /℃ | 28.9 | 29.0 | 28.9 | 28.7 | 28.7 | 28.5 | 28.2 | 28.3 | 28.3 | 27.9 |
| 平均气压 /hPa | 996 | 996 | 995 | 994 | 990 | 988 | 982 | 975 | 975 | 975 |

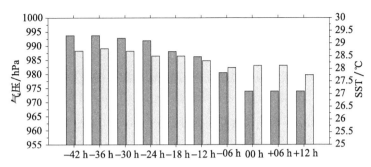

图 4.9　8926 号、0107 号、0308 号等 18 个南海台风合成中心平均海温和平均气压

（蓝色柱为平均海温，黑色柱为平均气压）

通过本节的统计分析表明，近海突然增强台风从高海温海域移入海温相对低（但仍在中海温以上）海域后不仅强度不减弱，还会出现强度突然爆发加强的可能。这种现象的可能原因在于，台风经过高海温加热，大气对暖海洋的潜热、感热响应需要一段时间，在此段时间内，台风在中国近海多西北行或北行，而中国近海海温的分布大致是自南向北递减，故出现台风移入海温相对低海域强度才开始迅速加强的现象，主要是大气对海洋存在响应滞后的现象。认识该滞后现象对改进近海台风突然增强的准确预报及防御将有帮助。

## 4.2.8　内核对流密度

计算台风内核对流密度所用的日本静止气象卫星 M1TR IR1 资料起始时间为 1995 年，故本节选取超强台风"桑美"（Saomai）、强热带风暴"天鹅"（Koni）、台风"玉兔"（Yutu）、强台风"巴特"（Bart）、台风"杨妮"（Yanni）、台风（Willie）、强台风（Ryan）7 个近海突然增强台风作为研究对象。合成分析结果（图 4.10）表明，台风突然增强前，内核对流密度呈现"双峰"分布，高峰值出现在突然增强前 24 h 达到 $110 \times 10^{-4}$ 个 /km²，次峰值出现在突然增强前 6 h 为 $94 \times 10^{-4}$ 个 /km²，说明台风突然增强前内核对流爆发旺盛。

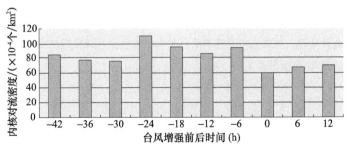

图 4.10　近海台风突然增强前后内核对流密度演变

## 4.3 SST、VWS 及 DCC 对台风突然增强的提前量

分别计算上述 7 个近海突然增强台风最大风速半径范围内的内核对流密度、台风中心平均海温、台风中心 5°×5° 范围 500~850 hPa 平均 VWS、台风最大风速半径范围 500~850 hPa 平均 VWS。通过研究 200~850 hPa 环境风垂直切变有以下类似结果，但相比而言，中低层环境风垂直切变对台风强度变化影响敏感，可能是弱台风对流发展弱，对流层高度低，使用中低层 VWS 进行分析，效果更好（Zeng et al.，2010）。

### 4.3.1 SST 对台风突然增强的时间提前量

图 4.11 表明，海温数据呈现近海台风突然增强前，经过高海温海域加热，台风移入中海温海域后强度开始突然增强的过程。图中台风中心平均海温数据显示，高海温出现在 −36 h 为 28.9℃，台风强度突然增强与高海温加热存在时间滞后。从高海温对台风强度突然增强的预示时间提前量看，为 36 h。

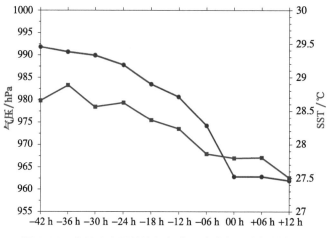

图 4.11　台风中心平均海温与台风中心气压之间的关系

（图中黑线表示海温，棕线表示台风强度；横坐标表示台风强度突然增强时间，左侧纵坐标表示气压，右侧纵坐标表示海温）

### 4.3.2　VWS 对台风突然增强的时间提前量

图 4.12 表明，两种环境风垂直切变平均数据均表明近海台风突然增强前，环境风垂直切变出现最低值。图 4.12a 台风最大风速半径范围平均 VWS 数据显示，最低 VWS 出现在 –30 h 为 4.3 m/s；图 4.12b 台风中心 5°×5° 范围平均 VWS 显示，最低 VWS 出现在 –24 h 为 5.2 m/s。最低 VWS 对台风强度突然增强存在时间提前量，台风最大风速半径范围平均 VWS 对台风突然增强预示时间提前 30 h，台风中心 5°×5° 范围平均 VWS 提前时间为 24 h。

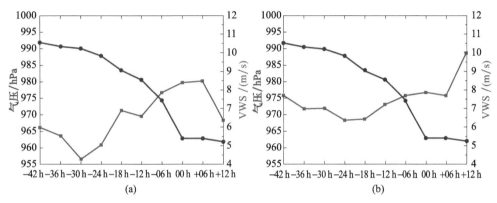

图 4.12　风垂直切变与台风中心气压之间的关系（a）、台风最大风速半径范围 500~850 hPa 平均 VWS （b）台风中心 5°×5° 范围 500~850 hPa 平均 VWS

（图中蓝线表示风垂直切变，棕线表示台风强度；横坐标表示台风强度突然增强时间，左侧纵坐标表示气压，右侧纵坐标表示风垂直切变）

### 4.3.3　DCC 对台风突然增强的时间提前量

图 4.13 表明，分析台风最大风速半径范围内核对流密度数据表明，近海台风突然增强前，内核对流爆发到峰值。内核对流密度峰值出现在台风强度突然增强之前 24 h，达 $110 \times 10^{-4}$ 个 /km²。图 4.14 表明，在台风突然增强之前 30 h 开始内核对流急剧爆发，在该 6 h 内台风内核对流密度突增量达 $35 \times 10^{-4}$ 个 /km²；此后在突然增强之前 12 h，内核对流密度略增长 $8 \times 10^{-4}$ 个 /km²。即突然增强台风内核对流爆发主要发生在台风强度开始突然增强前 –30 h 至 –24 h 的 6 h 内。数据分析表明，内核对流密度峰值对台风强度突然增强的预示时间为 24 h。

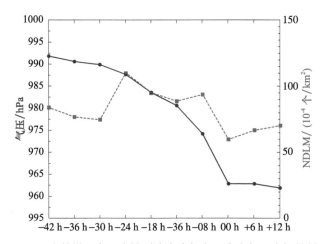

图 4.13 突然增强台风内核对流密度与台风中心气压之间的关系

（图中红线表示台风内核对流密度，棕线表示台风强度；横坐标表示台风强度突然增强时间，左侧纵坐标表示气压，右侧纵坐标表示内核对流密度）

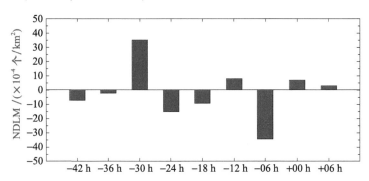

图 4.14 突然增强台风内核对流密度后 1 个时次与前 1 个时次之差

进一步统计表明（表 4.3），内核对流密度分布分两种情况：一是内核对流密度峰值出现在台风强度突然增强 −12 h 之前（以下简称对流峰值在前），0308 号台风出现在 −36 h、9912 号台风出现在 −24 h、9808 号台风出现在 −18 h；二是内核对流密度峰值出现在台风突然增强 −12 h 之后（以下简称对流峰值在后），0107、9618、9514 号台风均出现在 −6 h。二者占比分别为 3/7 和 3/7。另外，0608 号台风峰值出现在 −12 h。

表 4.3 7 个突然增强台风内核对流密度分布（单位：× 10⁻⁴ 个 /km²）

| 台风编号 | 台风增强前后时间 | | | | | | | | | |
|---|---|---|---|---|---|---|---|---|---|---|
| | −42 | −36 | −30 | −24 | −18 | −12 | −6 | 0 | 6 | 12 |
| 0308 | 61 | 136 | 83 | 84 | 69 | 78 | 103 | 101 | 86 | 102 |
| 9912 | 72 | 41 | 42 | 149 | 88 | 55 | 94 | 48 | 52 | 119 |

续表

| 台风编号 | 台风增强前后时间 | | | | | | | | | |
|---|---|---|---|---|---|---|---|---|---|---|
| | −42 | −36 | −30 | −24 | −18 | −12 | −6 | 0 | 6 | 12 |
| 9808 | 82 | 59 | 60 | 147 | 151 | 94 | 67 | 42 | 69 | 12 |
| 0608 | 129 | 97 | 118 | 124 | 129 | 152 | 83 | 51 | 147 | 128 |
| 0107 | 61 | 75 | 57 | 104 | 88 | 89 | 111 | 50 | 28 | 45 |
| 9618 | 51 | 34 | 56 | 55 | 31 | 21 | 59 | 50 | 30 | 26 |
| 9514 | 130 | 95 | 106 | 110 | 111 | 135 | 142 | 80 | 60 | 61 |

合成分析对流峰值在前台风（0308、9912、9808 号台风）和对流峰值在后台风（0107、9618、9514 号台风）的 −12 h 时刻 200 hPa 高空急流、200 hPa 辐散、200~850 hPa 环境风垂直切变和海温。

对比分析发现（图 4.15），对流峰值在后台风 200 hPa 台风南侧东北流出急流（图 4.15b 红色箱框）比对流峰值在前台风 200 hPa 高空流出急流（图 4.15a 红色箱框），范围明显偏大，强度明显偏强，对流峰值在后台风最大风速可达 26 m/s，对流峰值在前台风最大风速仅为 22~24 m/s。

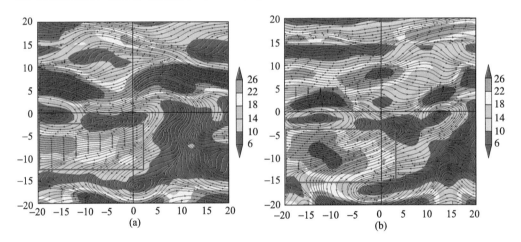

图 4.15　台风突然增强 −12 h 200 hPa 流出气流（单位：m/s）

（（a）对流峰值在前台风；（b）对流峰值在后台风）

分析 200 hPa 辐散场发现，对流峰值在后台风（图 4.16b 红色箱框）比对流峰值在前台风东北外流急流上（图 4.16a 红色箱框）的正辐散量值偏大范围偏广，前者正辐散最大中心值达 $4 \times 10^{-5}$/s，后者正辐散最大中心值仅达 $3 \times 10^{-5}$/s，说明对流峰值在后台风高空辐散流出比对流峰值在前台风强，而且范围宽广。

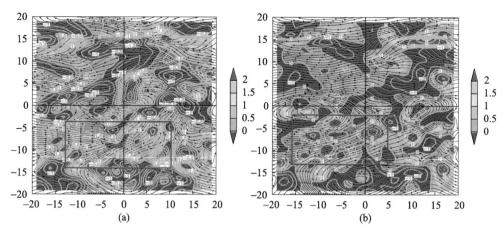

图 4.16　台风突然增强 −12 h 200 hPa 辐散（单位：× 10⁻⁵/s）

（（a）对流峰值在前台风；（b）对流峰值在后台风）

分析 200~850 hPa 环境风垂直切变，对比对流峰值在后台风的环境风垂直切变（图 4.17b 红色箱框）与对流峰值在前台风的环境风垂直切变（图 4.17a 红色箱框）量值，前者量值比后者偏大。

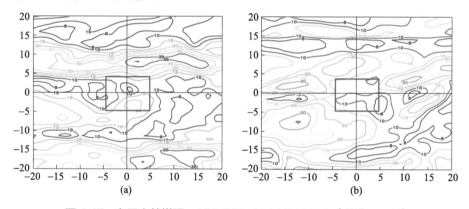

图 4.17　台风突然增强 −12 h 200~850 hPa VWS（单位：m/s）

（（a）对流峰值在前台风；（b）对流峰值在后台风）

合成海温得图 4.18，分析表明对流峰值在前台风从突然增强前 42 h 到突然增强后 12 h 所处海域的海温，除 6 h 时次比对流峰值在后台风低 0.2℃外，其他各时次都比对流峰值在后台风高。

总之，对流峰值在后台风在高空流出急流、高空辐散及环境风垂直切变均比对流峰值在前台风强，表明对流峰值在后台风的高空环境场比对流峰值在前台风发展旺盛。而对流峰值在前台风所处的海温比对流峰值在后台风所处的海温高，更有利于低层加热，这可能是为何对流先达到峰值的原因所在。这正说明了对流峰值在后台风高空环境场流出气流发展加强，台风强度加强，然后带动台风内核对流发展爆发，即台风强度先开始发展，后有对流核密度发展到峰值，此种现象恰恰说明台风的突然增强是由多个影响因子控制作用的。

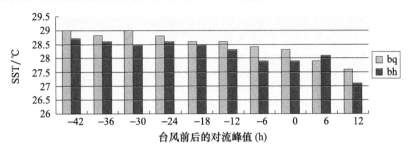

图 4.18　对流峰值在前台风和对流峰值在后台风的合成海温演变

（"bq"表示对流峰值在前台风；"bh"表示对流峰值在后台风）

综上所述，海温、环境风垂直切变和台风内核对流密度峰值对台风强度突然增强均存在预示时间量。其中，高海温对台风强度突然增强的预示时间为 36 h，环境风垂直切变对台风突然增强的预示时间为 24~30 h，台风内核对流密度峰值预示时间约为 24 h。

## 4.4　小结

（1）东海和南海近海台风突然增强合成分析表明：500 hPa 高度场上，副高加强，西南气流伸达台风；温度场上，处于暖温度脊内，无冷槽侵入；水汽输送通道上，分别来自西南方向和东南方向的两路水汽输送带与台风系统持续联结，有充沛的暖湿水汽、正涡度输入；高空急流场上，台风高层流出气流强；环境风垂直切变场上，台风远离外围大的风垂直切变；海温场上，处于高海温海域；在台风内核，对流爆发旺盛，呈现"双峰"型分布。

东海和南海近海台风突然增强不同之处在于：东海副高比南海副高偏强且更靠近台风中心；东海台风来自低空西南和东南方向的水汽输送、暖平流、正涡度均比南海台风偏强；东海台风高空流出气流比南海台风偏强，且东海台风的环境风垂直切变比南海台风偏小，这可能是为什么东海台风比南海台风强的原因所在。

进一步分析突然增强台风东亚—太平洋中高纬度环流特征表明，该环流呈现纬向型，西风带、北方短波槽及冷空气位置偏北，副高偏北偏东强度偏弱，季风槽东进偏北强度偏强，近海风垂直切变偏小、对流发展、低层气旋性环流加强，有利于台风增强。

（2）统计、合成分析表明：近海突然增强台风在突然增强 36 h 之前移经高海温海域，进入海温相对低海域后，强度才开始突然增强直至达到最强。

（3）SST、VWS 和 DCC 对台风强度突然增强均存在预示时间量。其中，SST 预示时间约为 36 h，VWS 的预示时间为 24~30 h，DCC 预示时间为 24 h。

（4）内核对流峰值在后台风，在高空流出急流、高空辐散、环境风垂直切变均比对流峰值在前台风强，表明对流峰值在后台风的高空环境场比对流峰值在前台风发展旺盛。这正说明了对流峰值在后台风高空环境场流出气流强，台风强度加强，然后带动台风内核对流发展，即台风强度先开始加强，后有对流核密度发展到峰值，此种现象恰恰说明台风的突然增强是由多个影响因子控制作用。

第**5**章

# 影响因子合成分析
## ——突然衰亡台风

台风强度的突然衰亡与大气环境强迫有关，诸如风垂直切变、急流、中纬度槽等，还与内核动力机制及下垫面强迫等有关。下垫面强迫显著影响台风强度和结构的变化，海表温度和海洋热容量（OHC）是影响台风强度的基本因素。近年来，国内外学者对台风减弱开展了广泛的研究（Chen Lianshou，2011；李英 等，2004；黄荣成 等，2010），涉及台风衰亡相关的一些因子，如海温、风垂直切变、水汽输送、下垫面、双台风相互作用等诸多影响因子，取得一些有意义的研究成果。如陈联寿（2011）研究指出，SST 低于 25℃的冷海温是 TC 衰亡的主要"杀手"。当 TC 所在区域满足低风垂直切变、暖海温条件，通常 TC 的最大风速将增大；在高风垂直切变、冷海温条件下，TC 将缓慢减弱；TC 处 12 m/s 以下的中等风切、非常暖的海温条件下，强度能加强或维持；但风垂直切变 > 12 m/s 以上时，TC 总是减弱的。但是对台风在中国近海突然衰亡开展的研究较少，台风的突然衰亡与哪些影响因子有关以及这些影响因子是如何控制台风衰亡的，这是本章的主要研究内容。

 ## 5.1 合成样本遴选

按突然衰亡台风活动的海域不同将之划分为东海近海突然衰亡台风和南海近海突然衰亡台风。运用动态合成分析的方法，分析东海（南海）台风的特征。

样本选取原则是海域相同、台风强度突然衰亡。根据中国气象局整编的1949—2013 年的《热带气旋年鉴》，考虑资料的时间代表和典型台风，选取东海近海突然衰亡 TC 样本 5 例、南海近海突然衰亡 TC 样本 15 例进行研究。东海台风编号为 0020、6802、6413、6406、6404（图 5.1a），南海台风编号为 0623、

0620、0320、0021、9810、8721、7822、7426、7424、7422、7110、7012、6701、5631、5121（图5.1b）。采用4次/d、经纬网格距2.5°×2.5°、垂直方向1000~10 hPa共17层的NCEP全球格点资料对2组TC进行合成。合成时次选取：台风突然衰亡前12 h、突然衰亡时、突然衰亡后12 h 3个时次。

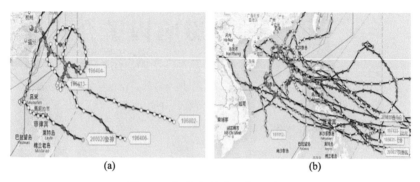

(a)　　　　　　　　　　　(b)

图5.1　近海突然衰亡台风路径

（(a)东海；(b)南海）

## 5.2　基本特征分析

### 5.2.1　500 hPa高度场

由图5.2可见，东海（图5.2a、b、c）和南海（图5.2d、e、f）近海台风突然衰亡前后均伴随着高空槽过境，高空槽波及台风本体，台风范围缩小，强度衰亡。东海和南海台风突然衰亡过程明显不同在于，东海的高空槽位置较高，高空槽过境仅造成控制东海台风的 −4℃的"暖舌"断裂（图5.2a温度线分布）；而南海高空槽的位置下探较深，−6℃的温度线向台风中心逼近。

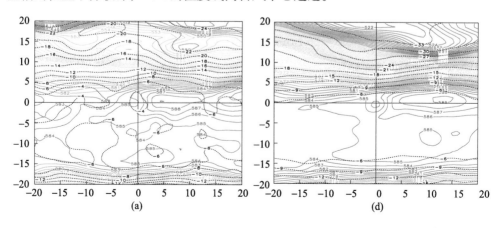

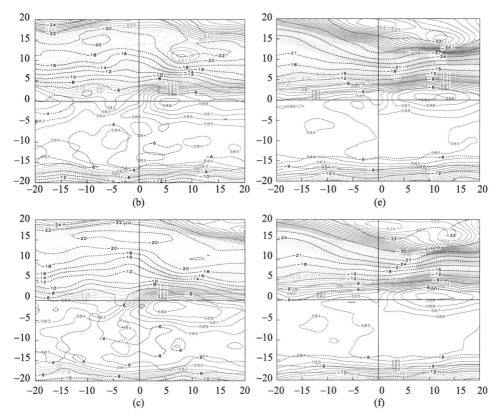

图 5.2  台风突然衰亡前 12 h（a、d）、突然衰亡时（b、e）、突然衰亡后 12 h（c、f）

500 hPa 高度场（实线）和温度（虚线）

（图中坐标原点为台风中心，横坐标和纵坐标为经纬距，下同，（a）~（c）东海，（d）~（f）南海）

## 5.2.2  850 hPa 水汽输送

图 5.3 表示近海台风突然衰亡前后 850 hPa 水汽输送通量场，可见东海和南海近海突然衰亡台风西南和东南方向的两支水汽输送带逐渐减弱，环绕台风内区的水汽通量在逐步减少（图 5.3d、e、f），绕台风中心的水汽通量曲率减小（图 5.3a、b、c），如东海台风衰亡时其中心附近的水汽通量离台风而去的趋势已经十分明显（图 5.3b）。

不同的是：东海台风内区的水汽通量比南海台风偏多，到突然衰亡后 12 h 量值仍约有 6 g/(s·hPa·cm)，而南海台风内区附近此刻的水汽通量仅约 2 g/(s·hPa·cm)。另外，东海台风的西南上游方水汽输送带呈连续状，仍存在 > 4 g/(s·hPa·cm) 的水汽带，而南海台风西南方水汽带相比而言水汽通量值偏小且呈断裂状。说明尽管台风均为突然衰亡，东海台风的水汽输送仍比南海台风充沛。

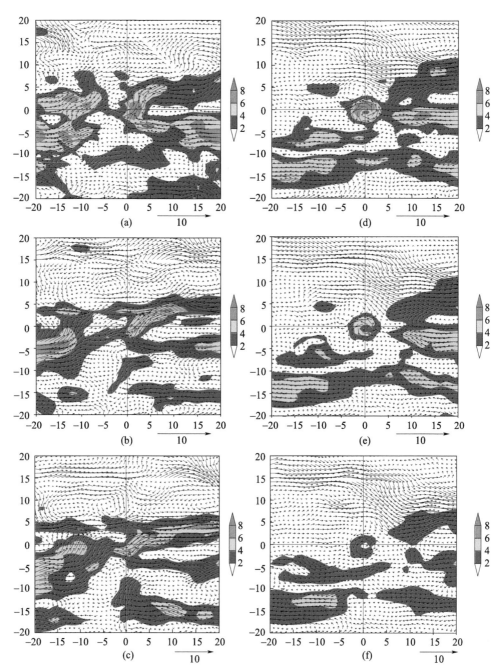

图 5.3 台风突然衰亡前 12 h（a、d）、突然衰亡时（b、e）、突然衰亡后 12 h（c、f）

850 hPa 水汽通量和水平风矢量场（单位：g/(s·hPa·cm)

（阴影区为水汽通量≥ 2 g/(s·hPa·cm) 的水汽带，每增加 2 g/(s·hPa·cm)，阴影区的颜色就加

深一级；（a）~（c）东海，（d）~（f）南海）

## 5.2.3　925 hPa 温度平流

南海近海突然衰亡台风（图 5.4d、e、f）925 hPa 有冷平流从台风西北侧流入，绕台风西侧呈逆时针从低层卷入台风，冷平流中心从突然衰亡前 12 h（图 5.4d）的 $-8 \times 10^{-5}$ K/s 左右，到突然衰亡时达 $-10 \times 10^{-5}$ K/s，冷平流增强且范围扩大，冷平流进一步渗透入台风西侧，并呈持续维持状态。分析看到，自 300 hPa 到 1000 hPa 均有冷平流流入台风环流，但强冷平流主要集中在 700 hPa 以下，自高层向低层递增，此种温度层结使大气趋于稳定，不利于对流发展。

东海近海突然衰亡台风（图 5.4a、b、c）925 hPa 冷平流与南海台风比差异很大，在离台风较远的西北到偏西方位有冷平流下传，但仅少量零星冷平流自低层卷入台风，与卷入南海台风的冷平流相比不仅在量值上明显偏弱，而且冷平流侵入的区域明显偏小。东海、南海冷平流侵入台风本体强弱的明显差异与上节分析的高空槽南下深浅有密切的关系。

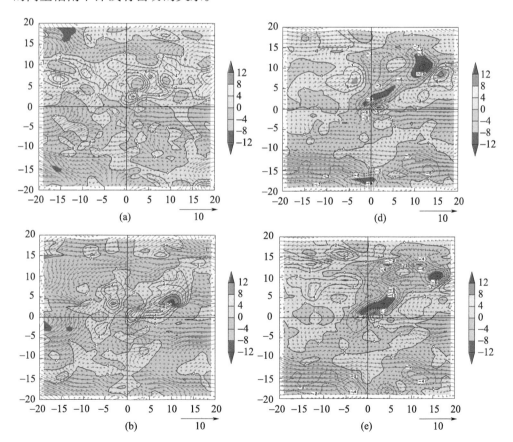

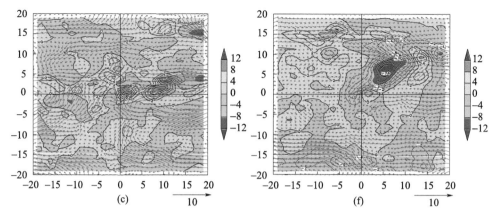

图 5.4　台风突然衰亡前 12 h（a、d）、突然衰亡时（b、e）、突然衰亡后 12 h（c、f）

925 hPa 温度平流场和水平风矢量场

（实线为温度平流线，单位：×10⁻⁵ K/s，间隔：2×10⁻⁵ K/s；黄色阴影代表暖平流，

蓝色阴影代表冷平流；（a）～（c）东海，（d）～（f）南海）

### 5.2.4　200 hPa 急流

图 5.5 表示东海、南海近海台风突然衰亡前后的 200 hPa 流场，共同点是：台风北侧外围急流带宽、距离台风中心近，台风位于西风槽底，台风的第一、第二和第三象限气流均为流入，仅第四象限是流出气流。不同点是：东海突然衰亡台风南侧东北流出急流（图 5.5a、b、c）比南海突然衰亡台风的流出气流带（图 5.5d、e、f）宽且强度强，南海台风南侧东北气流没有出现 > 20 m/s 的外向急流。分析表明尽管都为衰亡台风，东海突然衰亡台风高层的流出气流比南海台风强。

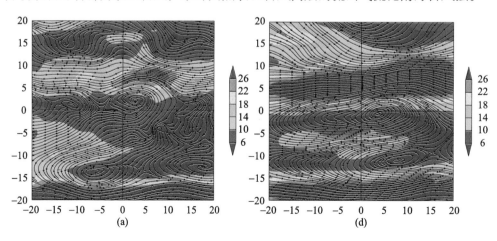

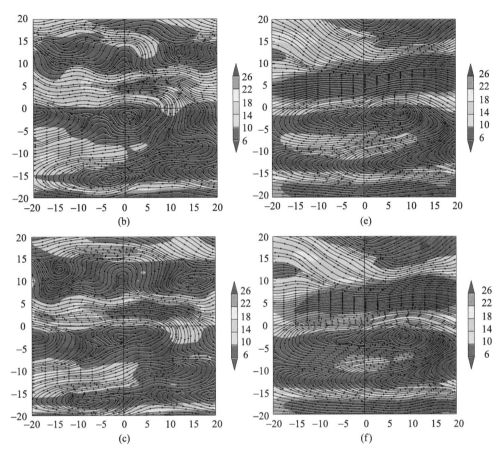

图 5.5　台风突然衰亡前 12 h（a、d）、突然衰亡时（b、e）、突然衰亡后 12 h（c、f）

200 hPa 高空急流（单位：m/s）

（红色阴影代表高空急流，紫色阴影代表 < 6 m/s 的风；实线为高空风流场；

（a）~（c）东海，（d）~（f）南海）

## 5.2.5　200~850 hPa 风垂直切变（VWS）

东海（图 5.6a、b、c）、南海（图 5.6d、e、f）突然衰亡台风 200~850 hPa 的
环境风速垂直切变，二者的共同点是，台风北侧外围的风速垂直切变逼近台风中
心，导致台风所在区域的风速垂直切变增大，加强大气高层通风，带走高层热量，
不利于台风维持。二者相异之处在于，南海台风环境风速垂直切变（图 5.6d、e、f
红色箱框）强度自突然衰亡前 12 h 到突然衰亡时强度略增大；东海台风环境风速

垂直切变（图5.6a、b、c红色箱框）却急剧增强，从突然衰亡前12 h的5~10 m/s（图5.6a红色箱框）迅速增强到突然衰亡时50~65 m/s（图5.6b红色箱框），环境风速垂直切变剧增，侵入台风中心。

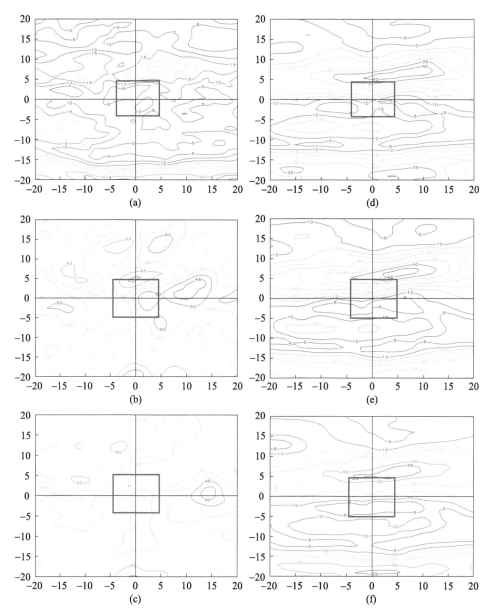

图5.6 台风突然衰亡前12 h（a、d）、突然衰亡时（b、e）、突然衰亡后12 h（c、f）

200~850 hPa环境风速垂直切变（单位：m/s，间隔：5 m/s）

（（a）~（c）东海；（d）~（f）南海）

## 5.2.6　850 hPa 涡度

图 5.7 表明，东海和南海突然衰亡台风的异同点是：突然衰亡前后台风涡旋本体涡量均逐步减少，但南海台风涡度（图 5.7d）可达 $8 \times 10^{-5}/s$，比东海台风涡度（图 5.7a）强、范围大。至台风突然衰亡时，台风环流都呈一个孤立的涡旋，有别于突然增强台风在西南方向有正涡带联结，涡量输入台风内区。另外，东海和南海台风来自西南和东南方向的涡量输送逐步断裂，东海台风在突然衰亡 12 h 前尚联结，而南海台风已表现出断裂的状况。分析表明，东海、南海台风突然衰亡前后台风低层涡度输送和台风本体涡量在逐渐减少，台风低层正涡度流失，强度衰亡。

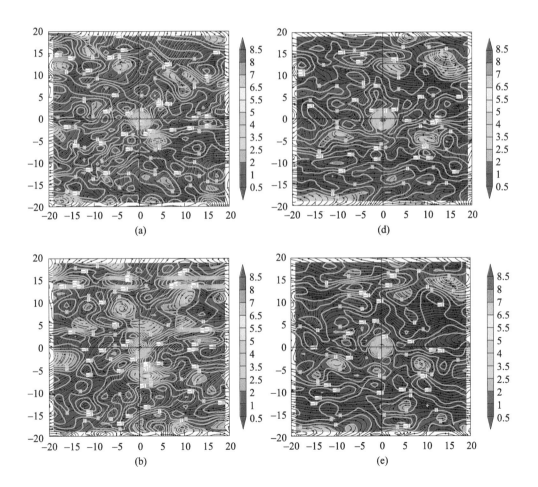

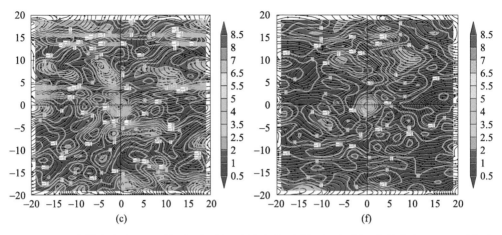

图 5.7　台风突然衰亡前 12 h（（a）、（b））、突然衰亡时（（b）、（e））、突然衰亡后 12 h（（c）、（f））850 hPa 涡度（单位 x10⁻⁵s⁻¹）

（（a）~（c）东海，（d）~（f）南海）

### 5.2.7　海表温度（SST）

统计表明，东海近海突然衰亡台风 1981 年后仅出现 1 个，是发生在 11 月份的 0020 号台风，突然衰亡时中心的 SST 为 26.4 ℃，衰亡后 6 h SST 为 23.5 ℃。南海近海台风突然衰亡时中心的平均 SST 为 25.1 ℃（取 1981 年后 5 个台风中心 SST平均，其中 9810 和 0623 号台风最低为 24 ℃），如图 5.8 给出了近海强台风"尤特"（Utor）突然衰亡时的 SST 分布，可见台风中心 SST 为 24 ℃。

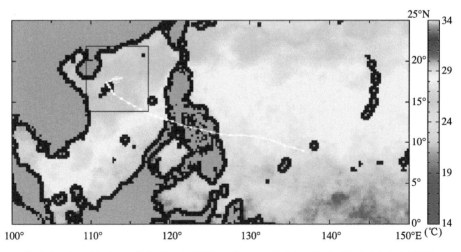

图 5.8　强台风"尤特"（Utor 0623）突然衰亡时（2006 年 12 月 14 日）海温

## 5.2.8　内核对流密度

计算内核对流密度所用的日本静止气象卫星 M1TR IR1 资料起始时间为 1995 年，本节选取台风"浣熊"（Neoguri）、台风"尤特"（Utor）、超强台风"西马仑"（Cimaron）、台风"尼伯特"（Nepartak）、强台风"芭比丝"（Babs）5 个近海突然衰亡台风作为研究对象。通过合成分析表明（图 5.9），台风在突然衰亡前的 –42 h 到 –30 h，内核对流密度呈振荡下降，–30 h 之后内核对流密度持续下降，特别是到 –18 h 开始，内核对流密度迅速衰减，从 $91 \times 10^{-4}$ 个 /km² 到 12 h 仅为 $7 \times 10^{-4}$ 个 /km²。

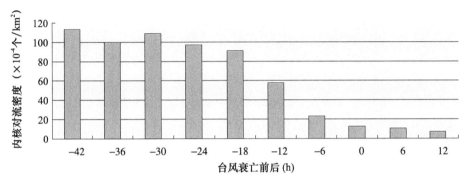

图 5.9　台风突然衰亡前后内核对流密度演变

## 5.3　SST、VWS 及 DCC 对台风突然衰亡的提前量

分别计算上述 5 个近海突然衰亡台风最大风速半径范围内的内核对流密度、台风中心平均海温、台风中心 5°×5° 范围 500~850 hPa 平均 VWS、台风最大风速半径范围 500~850 hPa 平均 VWS。

### 5.3.1　SST 对台风突然衰亡的时间提前量

图 5.10 表明，海温数据呈现近海台风突然衰亡前，台风从中海温海域移向低海温海域后强度突然衰亡的过程。最高海温出现在 –36 h 仅为 26.8 ℃，从海温对台风强度突然衰亡的预示时间提前量看，为 36 h。海温与台风气压变化基本成反相关，即海温下降，气压上升，台风减弱。

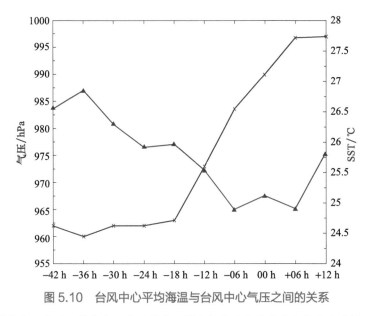

图 5.10　台风中心平均海温与台风中心气压之间的关系

（图中黑线表示海温，棕线表示台风强度；横坐标表示台风强度突然衰亡时间，左侧纵坐标表示气压，右侧纵坐标表示海温）

### 5.3.2　VWS 对台风突然衰亡的时间提前量

图 5.11 表明，两种平均 VWS 数据均呈现近海台风突然衰亡前，环境风垂直切

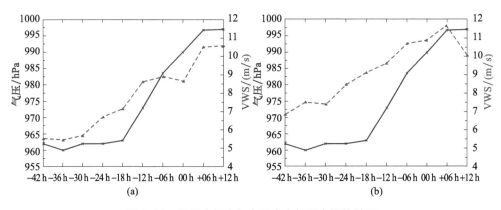

图 5.11　风垂直切变与台风中心气压之间的关系

（（a）台风最大风速半径范围 500~850 hPa 平均 VWS；（b）台风中心 5°×5°
范围 500~850 hPa 平均 VWS）

（图中蓝线表示风垂直切变，棕线表示台风强度；横坐标表示台风强度突然衰亡时间，左侧纵坐标表示气压，右侧纵坐标表示风垂直切变）

变从最低值开始增大的现象。图 5.11a 台风最大风速半径范围平均 VWS 数据显示，最低 VWS 出现在 –36 h 为 5.5 m/s，此后风切变开始增大。图 5.11b 台风中心 5°×5° 范围平均 VWS 显示，最低 VWS 出现在 –30 h 为 7.4 m/s，此后风切变也开始增大。最低 VWS 开始增大的时刻对台风强度突然衰亡存在时间提前量，从最低平均 VWS 对台风强度突然衰亡的预示时间提前量看，台风最大风速半径范围平均 VWS 对台风突然衰亡预示时间提前 36 h，台风中心 5°×5° 范围平均 VWS 提前时间为 30 h。环境风垂直切变与台风气压基本成正相关，即 VWS 增大，气压上升，台风减弱。

## 5.3.3　DCC 对台风突然衰亡的时间提前量

表 5.1 表明，近海台风突然衰亡前内核对流爆发到峰值后开始衰减。峰值出现在台风强度突然衰亡之前 30 h（图 5.12），达 $109 \times 10^{-4}$ 个 /km²。图 5.13 表明，从台风突然衰亡之前 18 h 开始内核对流急剧衰减，在该 6 h 内台风内核对流密度突衰量达 $33 \times 10^{-4}$ 个 /km²；此后在突然衰亡 –12 h 到 –6 h，内核对流密度衰减更甚达 $35 \times 10^{-4}$ 个 /km²，即从台风突然衰亡前的 30 h 之后内核对流爆发趋于减弱，但主要衰减发生在台风突然衰亡前 18 h 内。数据分析表明，内核对流密度峰值开始衰减对台风强度突然衰亡的预示时间为 30 h。对比图 4.13 和图 5.12 表明，突然衰亡台风的内核对流爆发呈现"单峰"分布，与突然增强台风的"双峰"分布不同，突然衰亡台风的内核对流密度在突然衰亡前达到峰值后持续下降。

表 5.1　5 个突然衰亡台风内核对流密度峰值爆发时间（单位：$\times 10^{-4}$ 个 /km²）

| 台风编号 | –42 | –36 | –30 | –24 | –18 | –12 | –6 | 0 | 6 | 12 |
|---|---|---|---|---|---|---|---|---|---|---|
| 0801 | 115 | 76 | 94 | 118 | 69 | 70 | 42 | 15 | 31 | 8 |
| 0623 | 93 | 69 | 104 | 117 | 98 | 9 | 2 | 0 | 0 | 0 |
| 0620 | 136 | 149 | 139 | 94 | 73 | 47 | 35 | 26 | 14 | 24 |
| 0320 | 162 | 130 | 142 | 86 | 153 | 112 | 12 | 4 | 5 | 4 |
| 9810 | 63 | 78 | 67 | 73 | 62 | 50 | 25 | 19 | 1 | 0 |

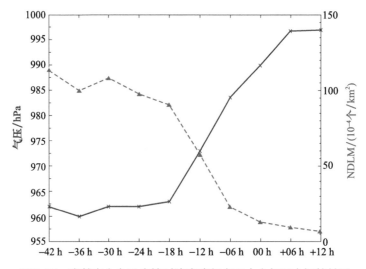

图 5.12　突然衰亡台风内核对流密度与台风中心气压之间的关系

（图中红线表示台风内核对流密度，棕线表示台风强度；横坐标表示台风强度突然衰亡时间，左侧纵坐标表示气压，右侧纵坐标表示内核对流密度）

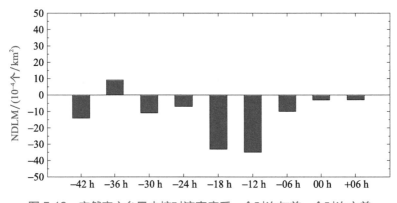

图 5.13　突然衰亡台风内核对流密度后一个时次与前一个时次之差

　　总之，海温、环境风垂直切变和台风内核对流密度峰值开始衰减对台风强度突然衰亡均存在预示时间量。其中，最高海温对台风强度突然衰亡的预示时间提前量为 36 h，环境风垂直切变对台风突然衰亡的预示时间为 30~36 h，台风内核对流密度峰值预示时间为 30 h。

# 5.4  小结

（1）对近海突然衰亡台风的大尺度环流特征作动态合成分析和动力诊断，合成分析包括高度场、水汽输送、温度平流、高空急流和高层流出气流、风垂直切变、涡度、海温、台风内核对流等。结果表明，近海突然衰亡台风在高度场上受到西风槽后冷空气侵入，与水汽通道没有连通或呈孤立状，并有低层正涡度流失，在低海温区域内有高值风速垂直切变、低密度的内核对流。

东海和南海近海台风突然衰亡不同之处在于：东海台风环境风垂直切变比南海台风明显偏强，南海台风冷平流侵入明显比东海台风偏强，低空水汽输送和高空流出气流均比东海台风偏弱。

进一步分析突然衰亡台风东亚—太平洋中高纬度环流特征表明，该环流表现为经向型，东亚沿海大槽加强南伸，北方冷空气南下，副高位置偏南偏西，强度偏强，不利于季风槽东伸，近海风垂直切变偏大、对流发展减弱、低层反气旋性环流加强，有利于台风衰亡。

（2）台风突然衰亡前后，台风环流变成一个孤立的涡旋，有别于突然增强台风在西南方向有正涡带联结，涡量卷入台风内区。台风突然衰亡前后，台风低层环流的涡度值逐渐减少，强度衰亡。

（3）SST、VWS 和 DCC 对台风强度突然衰亡均存在预示时间量。其中，SST 预示时间约为 36 h，VWS 的预示时间为 30~36 h，DCC 预示时间为 30 h。

第**6**章
# 各因子相反作用下 台风强度的变化

正如第 4 章、第 5 章结果所示：环境风垂直切变、海温、台风内核对流爆发这 3 个主要影响因子与台风强度增强或减弱的发生存在时间滞后（Shay et al. 2000；Duan et al. 2000；Gallina et al. 2002；Paterson et al. 2005；张建海 等 2011；顾宇丹 等，2013），正是这种滞后为台风强度变化的预测提供一定的线索。通常，"高海温"与"低风切"同时存在时，均有利于台风强度趋于增强；而"低海温"和"高风切"条件下台风减弱，但有时也存在作用相反的多影响因子异常配置的情况，这种情况下的台风强度变化特征是本章研究的内容。

**6.1 台风突然增强**

分析 1949—2013 年间中国近海 34 个台风（东海 18 个和南海 16 个）突然增强的影响因子，如表 6.1 所示。

表 6.1 1949—2013 年近海台风突然增强的影响因子

| 海域 | 台风编号 | 水汽输入通道 | 高海温 | 弱风垂直切变 | 高空流出气流 | 双台风作用 | 低空暖平流流入 |
|------|---------|------------|-------|-----------|-----------|----------|-------------|
| 东海 | 0608 | √ | √ | √ | √ | √ | √ |
| | 0306 | √ | √ | × | √ | × | √ |
| | 9808 | √ | √ | √ | √ | × | √ |
| | 9015 | √ | √ | √ | √ | √ | √ |

续表

| 海域 | 台风编号 | 水汽输入通道 | 高海温 | 弱风垂直切变 | 高空流出气流 | 双台风作用 | 低空暖平流流入 |
|---|---|---|---|---|---|---|---|
| 东海 | 8807 | √ | √ | × | √ | × | √ |
| | 8509 | √ | √ | × | √ | × | √ |
| | 8508 | √ | √ | √ | √ | × | √ |
| | 7805 | √ | — | √ | √ | × | √ |
| | 7705 | √ | — | √ | √ | × | √ |
| | 7512 | √ | — | √ | √ | × | √ |
| | 7503 | √ | — | √ | √ | × | √ |
| | 7416 | √ | — | × | √ | × | √ |
| | 7006 | √ | — | √ | √ | × | √ |
| | 6512 | √ | — | × | √ | × | √ |
| | 6408 | √ | — | √ | √ | × | √ |
| | 5626 | √ | — | √ | √ | × | √ |
| | 5618 | √ | — | √ | √ | × | √ |
| | 5207 | √ | — | × | √ | × | √ |
| 南海 | 9509 | √ | √ | √ | √ | √ | √ |
| | 8926 | √ | √ | √ | √ | × | √ |
| | 8910 | √ | √ | × | √ | × | √ |
| | 8802 | √ | √ | √ | √ | × | √ |
| | 8105 | √ | — | × | √ | × | √ |
| | 8014 | √ | — | √ | √ | × | √ |
| | 7801 | √ | — | √ | √ | × | √ |
| | 7614 | √ | — | √ | √ | × | √ |
| | 7515 | √ | — | × | √ | × | × |
| | 7118 | √ | — | √ | √ | × | √ |
| | 7012 | √ | — | √ | √ | × | √ |
| | 6908 | √ | — | √ | √ | × | √ |

续表

| 海域 | 台风编号 | 水汽输入通道 | 高海温 | 弱风垂直切变 | 高空流出气流 | 双台风作用 | 低空暖平流流入 |
|---|---|---|---|---|---|---|---|
| 南海 | 6901 | √ | — | √ | √ | × | √ |
| | 6806 | √ | — | √ | √ | × | √ |
| | 6715 | √ | — | √ | √ | × | √ |
| | 6702 | √ | — | × | √ | × | √ |

注："×"表示无此类因子出现，"√"表示有此类因子出现，"—"表示无海温资料。

## 6.1.1　各影响因子出现的频次

分析表明（图6.1），造成近海台风突然增强的6个因子中，出现次数最多的是水汽输入通道和高空流出气流均为34次，频次为34/34（100%），其次为低空暖平流流入共33次，频次为33/34（97.1%），第四位为弱风垂直切变共24次，频次为24/34（70.6%），再次为高SST共11次，最少的是双台风作用有3次，频次为3/34（8.8%）。由于1981年后才有SST日资料，因此统计到的高SST的出现次数偏少，但在1981年后的11次突然增强台风中均出现高SST因子，频次为11/11。可以说，在近海台风突然增强中，水汽输入通道、高空流出气流、低空暖平流流入和弱风垂直切变这4个影响因子是经常出现的，双台风作用影响因子出现比较少。

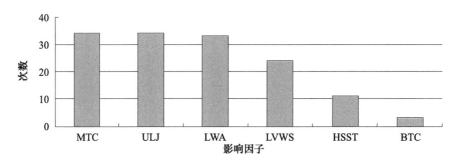

图6.1　近海台风突然增强的影响因子出现次数

（MTC：水汽输入通道；ULJ：高空流出气流；LWA：低空暖平流流入；

LVWS：弱风垂直切变；HSST：高海温；BTC：双台风作用）

## 6.1.2　多影响因子共同出现的频次

图 6.2 给出了多因子同时出现的频次统计结果：

无单独因子作用造成台风突然增强的现象发生，即单个因子很难引起台风突然增强。

两个因子搭配共同作用的情况仅 1 次，是水汽输入通道与高空流出气流搭配共同影响。

3 个因子搭配共同作用的情况共 5 次，均为水汽输入通道、高空流出气流和低空暖平流 3 因子相互搭配共同作用。

4 个因子搭配共同作用的情况共 21 次，其中水汽输入通道、高 SST、高空流出气流和低空暖平流 4 因子相互搭配共同作用 4 次，占 19%；其他 17 次均为水汽输入通道、弱风垂直切变、高空流出气流和低空暖平流 4 因子相互搭配共同作用，占 81%。

5 个因子搭配共同作用的情况共 4 次，均为水汽输入通道、高 SST、弱风垂直切变、高空流出气流、低空暖平流 5 因子相互搭配共同作用。

6 个因子搭配共同作用的情况共 3 次，均为水汽输入通道、高 SST、弱风垂直切变、高空流出气流、双台风作用和低空暖平流 6 因子相互搭配共同作用。

统计表明，4 个因子搭配作用次数最多占 61.8%，其次是 3 个因子搭配作用占 14.7%，再次是 5 个因子搭配作用占 11.8%，接着是 6 个因子搭配共同作用占 8.8%，最少的是两个因子搭配作用占 2.9%。

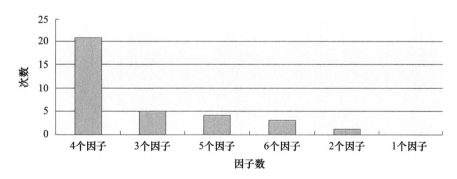

图 6.2　近海台风突然增强的影响因子作用搭配状况

## 6.2 台风突然衰亡

分析 1949—2013 年间近海台风 22 个（东海 5 个和南海 17 个）突然衰亡的影响因子，见表 6.2 所示。

表 6.2　1949—2013 年近海台风突然衰亡的影响因子

| 海域 | 台风编号 | 强冷空气 | 冷海温 | 冷海水上翻 | 双台风抽吸 | 大风速垂直切变 | 水汽输入通道中断 |
|---|---|---|---|---|---|---|---|
| 东海 | 0020 | √ | × | × | × | × | × |
| | 6802 | √ | - | × | × | √ | × |
| | 6404 | × | - | × | × | × | √ |
| | 6406 | × | - | × | × | √ | √ |
| | 6413 | √ | - | × | × | √ | × |
| 南海 | 0907 | × | × | × | √ | √ | × |
| | 0623 | √ | √ | √ | × | × | √ |
| | 0620 | √ | × | √ | × | × | √ |
| | 0609 | × | × | × | √ | √ | × |
| | 0320 | √ | × | × | × | × | √ |
| | 0021 | × | × | × | × | √ | √ |
| | 9810 | √ | √ | × | × | √ | √ |
| | 8721 | √ | × | √ | × | √ | √ |
| | 7822 | √ | — | × | × | √ | √ |
| | 7426 | √ | — | × | × | √ | √ |
| | 7424 | √ | — | × | × | √ | × |
| | 7422 | √ | — | × | × | √ | × |
| | 7110 | √ | — | × | × | √ | × |
| | 7012 | × | — | √ | × | √ | √ |
| | 6701 | √ | — | √ | × | × | √ |
| | 5631 | √ | — | × | × | × | √ |
| | 5121 | √ | — | × | × | √ | × |

注："×"表示无此类因子出现，"√"表示有此类因子出现，"—"表示无海温资料。

### 6.2.1　各影响因子出现的频次

分析图 6.3 表明，造成近海台风突然衰亡的 6 个因子中，出现次数最多的是强冷空气侵入共 16 次，频次为 16/22（72.7%），其次为大风速垂直切变共 15 次，频次为 15/22（68.2%），第三位为水汽输入通道中断共 12 次，频次为 12/22（54.5%），再次为冷海水上翻共 5 次，频次为 5/22（22.7%），最少的是冷海表温度和双台风抽吸各有 2 次，频次为 2/22（9%）。由于 1981 年后才有冷海表温度日资料，因此统计到的冷海表温度的出现频次偏少，但在 1981 年后的 9 次突然衰亡台风中仅有 2 次出现冷海温因子，频次为 2/9（22.2%），说明冷海温因子出现的概率并不算高。可以说，在近海台风突然衰亡中，强冷空气、大风速垂直切变和水汽输入通道中断 3 个影响因子是经常出现的。

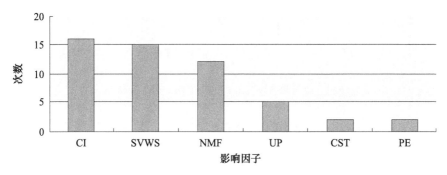

图 6.3　近海台风突然衰亡的影响因子出现次数

（CI：强冷空气；SVWS：大风速垂直切变；NMF：水汽输入通道中断；

UP：冷海水上翻；CST：冷海表温度；PE：双台风抽吸）

### 6.2.2　多影响因子出现的频次

图 6.4 统计结果表明，单独作用造成近海台风突然衰亡的因子仅两个，共 3 次，一个是强冷空气单独出现造成台风衰亡共有 2 次；另一个是水汽输入通道中断单独作用造成台风突然衰亡有 1 次。

两个因子搭配共同作用的情况共 11 次，分别是大风速垂直切变与强冷空气搭配 6 次，占 54.5%；大风速垂直切变与双台风抽吸搭配 2 次，占 18.2%；大风速垂直切变与水汽输入通道中断搭配 2 次，占 18.2%；强冷空气与水汽输入通道中断搭配 1 次，占 9.1%。

3 个因子搭配共同作用的情况共 5 次，强冷空气、冷海水上翻、水汽输入通道中断因子相互搭配共同作用 2 次，占 40%；强冷空气、大风速垂直切变、水汽输入通道中断因子相互搭配共同作用 2 次，占 40%；冷海水上翻、大风速垂直切变、水汽输入通道中断因子相互搭配共同作用 1 次，占 20%。

4 个因子搭配共同作用的情况共 3 次，1 次是强冷空气、冷海温、冷海水上翻、水汽输入通道中断相互搭配共同作用；1 次是强冷空气、大风速垂直切变、冷海水上翻、水汽输入通道中断相互搭配共同作用；另 1 次是强冷空气、冷海温、大风速垂直切变、水汽输入通道中断相互搭配共同作用。

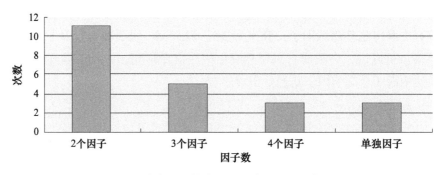

图 6.4　近海台风突然衰亡的影响因子作用搭配状况

统计表明，两个因子搭配作用次数最多占 50%，其次是 3 个因子搭配作用占 22.7%，最少是单独因子作用和 4 个因子搭配共同作用各占 13.6%。

 **6.3　多因子相互作用对突然增强台风的影响**

### 6.3.1　SST 与 VWS 的相互作用

环境场、下垫面和热带气旋结构是影响 TC 强度的 3 个主要因子。相互间存在相互作用和对强度影响相反作用的现象，本节用 VWS 代表环境场作用、SST 代表下垫面的作用、DCC 代表 TC 结构的作用，针对因子相互作用对台风突然增强和衰亡的作用进行讨论。上节及 Elsberry 等（1985，1992，1996）和陈联寿等（1979，2002，2006，2012）的分析结果表明，风垂直切变（VWS）和海温（SST）是影响台风强度变化的两个主要因素。因此，本节着重对 SST 和 VWS 之间的关系开展分析。以往研究均认为，海温是台风强度变化的主要热力因子，与台风强度正相关，即 SST 增加（减弱）可使台风增强（减弱）；风垂直切变是台风强度变化的主要动力因子，与台风强度负相关，即 VWS 增加（减弱）可使台风减弱（增强）。但是当高海温、高风垂直切变配置或者低海温、中风垂直切变配置时，台风强度将如何变化？下文着重对此进行探讨。

　　陈联寿等（1979）指出，台风生成于海温条件在 26℃以上的广阔海域。本文规定 SST < 26℃为低海温，26℃ ≤ SST ≤ 28℃为中海温，SST > 28℃为高海温。Zehr（1992）认为在西北太平洋风速的垂直切变值 > 12 m/s 属于大值，但是 Zeng 等（2007，2008）近年的研究指出，成熟的台风能抗拒很强的风垂直切变。有鉴于此，本节规定 1 m/s ≤ VWS ≤ 8 m/s 为低风垂直切变，8 m/s < VWS < 15 m/s 为中风垂直切变，15 m/s ≤ VWS 为高风垂直切变。由于海温资料始于 1981 年，下文东海和南海突然增强台风个例入选的时间为 1981—2013 年，考虑到东海近海突然增强台风入选个例偏少，为了增加个例样本，选取东海 24 h 警戒线（图 6.5）附近以西的突然增强台风参与统计分析。

　　分析可见，在东海和南海高海温海域（如图 6.6a、b），共有 26 例突然增强台风，占统计时段内东海和南海突然增强台风总数（35 例）的 74.3%，集中了绝大部分的突然增强台风。其中 23 例为高海温、低风垂直切变配置，占统计时段内突然增强台风总数的 65.7%，说明高海温、低风垂直切变配置是中国近海台风突然增强的主要配置形式。

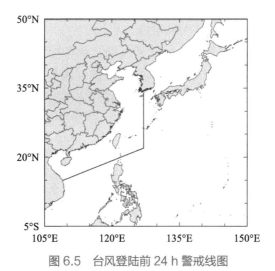

图 6.5　台风登陆前 24 h 警戒线图

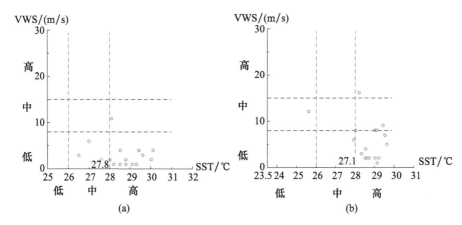

图 6.6　突然增强台风 SST 与 VWS 的分布图（红圈表示近海突然增强台风）

（SST < 26℃为低海温，26℃ ≤ SST ≤ 28℃为中海温，SST > 28℃为高海温；

1 m/s ≤ VWS ≤ 8 m/s 为低风垂直切变，8 m/s < VWS < 15 m/s 为中风垂直切变，

15 m/s ≤ VWS 为高风垂直切变；（a）东海，（b）南海）

　　高海温、中风垂直切变配置共出现 2 例，分别为台风 Mamie（SST 28.1℃，VWS 11 m/s）、强热带风暴 Mamie（SST 29.4℃，VWS 9 m/s）在高海温海域，尽管风垂直切变值中等，台风依然能够突然增强。说明台风在高海温海域仍能承受中等风垂直切变的散热影响发生突然增强。

　　高海温、高风垂直切变配置，情况较复杂。此类配置近海台风中有的依然突然增强，有的出现迅速衰亡。1 例突然增强强热带风暴 Lrving，为高海温、高风垂直切变（SST 28.2℃，VWS 16 m/s）。1 例突然衰亡强热带风暴 Tip）为高海温、超高风垂直切变（SST 29.7℃，VWS 22 m/s），说明尽管 TC 处高海温海域，如果 VWS 超高 TC 依然会衰亡（详见本节 6.4.1）。

　　在东海和南海的中海温海域（图 6.6a、b），各有 4 个突然增强台风均为中海温、低风垂直切变配置。分析显示，它们不仅自身所在区域风垂直切变小，而且外围风垂直切变的强度不强且距离台风本体较远。以东海为例，分析该 4 例突然增强台风（8508，SST 28℃，VWS 2 m/s；9015，SST 27℃，VWS 6 m/s；9017，SST 26.5℃，VWS 3 m/s；9808，SST 27.6℃，VWS 2 m/s），突然增强台风北侧VWS 大值距离台风较远（图 6.7a、b），中心最大值仅在 35 m/s 左右，强度不强，且无靠近台风本体之势。联系之前合成分析的东海近海台风突然增强与风垂直切变的关系，突然增强台风远离大值 VWS 且其强度不强，台风的高层热量得以汇集，强度突然增强。南海情况类似。

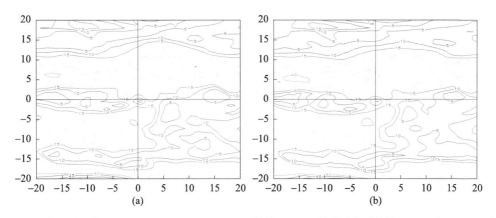

图 6.7　台风编号为 8508、9015、9017、9808 四例的 VWS 平均值分布（单位：m/s，间隔 5 m/s）

（（a）突然增强前 12 h；（b）突然增强前 6 h）

在东海和南海低海温海域（如图 6.6a、b），仅出现 1 例突然增强台风。为低海温、中风垂直切变配置，是强台风 Ike（SST 25.6℃，VWS 12 m/s）虽处低海温、中风垂直切变配置，台风仍然突然增强。主要原因是台风突然增强时尽管位于低海温海域，但 8410 号台风从突然增强前 12 h 处 27.9℃中海温海域，以 28.5 km/h 的速度（经统计对比，此移速是所有南海突然增强台风中移速最快的）迅速向西北方向移动，掠过低海温海域进入海温梯度较大且海温在 26℃以上、最高达 28.3℃的海域，同时伴随台风中心的 VWS 迅速减小。此状况符合陈瑞闪（2002）提出的，一个台风在低纬度加强后减弱再移到海温梯度较大的南侧，其值仍在 26℃以上的洋面上仍有重新发展加强的可能之结论。

总结近海突然增强台风的 SST 与 VWS 的配置状况，可以看出，在东海和南海的低风垂直切变海域，突然增强台风共有 31 例，占统计时段内突然增强台风总数的 88.6%。低风垂直切变台风主要集中在高海温海域，有 23 例占 65.7%，中海温海域有 8 例占 22.9%，低海温海域没有突然增强台风出现。

在东海和南海的中风垂直切变海域，突然增强台风仅出现 3 例，高海温海域有 2 例，低海温海域 1 例是 8410 号台风快速移出进入高海温海域，中海温海域无突然增强台风发生。

在东海和南海的高风垂直切变海域，仅在高海温海域出现 1 例，在低海温和中海温海域均无突然增强台风出现。

近海台风突然增强绝大多数处于低风垂直切变环境下，突然增强台风个数随海温降低而迅速递减，在低海温无突然增强台风发生，说明突然增强台风对海温变化敏感；在中、高风垂直切变环境下台风突然增强是小概率事件，但必须同时具备高海温或者快速移出不利风垂直切变环境的条件。近海台风突然增强大多数处于高海温环境下，突然增强台风个数随风垂直切变值增大而显著递减，表明突然增强台风对风垂直切变值变化敏感；在中、低海温环境下台风突然增强也是小概率事件，但必须同时满足低风垂直切变或者快速移出低海温环境的条件。

图 6.8 是近海台风突然增强时海温与两种平均 VWS 的时间演变，可见：高海温峰值先于 VWS 的谷值出现，如图 6.8a 提前 6 h，如图 6.8b 提前 12 h，说明大气对暖海洋的响应存在时间滞后，台风 VWS 对高海温的响应时间大约为 6~12 h，台风最大风速半径范围风切变比台风中心 5°×5° 范围风切变对高海温的响应早、敏感。此外，海温与环境风垂直切变存在反相关关系，海温升高环境风垂直切变降低，海温下降环境风垂直切变上升。

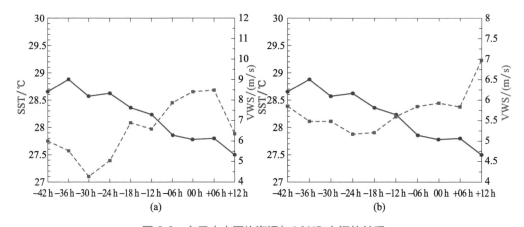

图 6.8　台风中心平均海温与 VWS 之间的关系

（（a）台风最大风速半径范围 500~850 hPa 平均 VWS；（b）台风中心 5°×5° 范围 500~850 hPa 平均 VWS）

（图中蓝线表示风垂直切变，黑线表示海温；横坐标表示台风强度突然增强时间，左侧纵坐标表示海温，右侧纵坐标表示风垂直切变）

## 6.3.2　SST 与 DCC 的相互作用

分析图 6.9 海温与台风内核对流密度之间的关系可见，高海温峰值先于内核对流密度高峰值出现，提前 12 h，进一步说明大气对暖海洋的响应存在时间滞后，台风内核对流密度峰值对高海温的响应时间大约为 12 h，略滞后于台风环境风垂直切变对高海温的响应。另外，海温与台风内核对流密度基本上存在在正相关关系，海温升高台风内核对流爆发，对流密度增大；海温下降台风内核对流衰弱，对流密度减小。

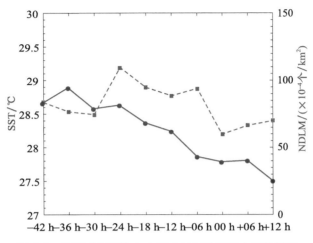

图 6.9　海温（SST）与台风内核对流密度之间的关系

（图中红线表示台风内核对流密度，黑线表示海温；横坐标表示台风强度突然增强时间，左侧纵坐标表示海温，右侧纵坐标表示台风内核对流密度）

### 6.3.3　VWS 与 DCC 的相互作用

分析图 6.10 可见，环境风垂直切变与台风内核对流密度基本呈现反相关关系，即环境风垂直切变减小，台风内核对流爆发，内核对流密度增大；环境风垂直切变增大，台风内核对流爆发减弱，内核对流密度减小。环境风垂直切变谷值出现时间略提前于台风内核对流密度峰值，台风最大风速半径范围风切变谷值提前台风内核对流密度峰值 6 h，而台风中心 5°×5° 范围风切变谷值与台风内核对流密度高峰值同时出现。

总之，如图 6.11 所示，近海台风突然增强过程反映出大气对海洋响应的滞后性。高海温对台风突然增强的预示时间比环境风垂直切变早约 12 h，环境风垂直切变对台风突然增强的预示时间比台风内核对流密度约早 0~6 h。因此基本的先后关系是，高海温加热，环境风垂直切变减小，台风对流内核爆发，台风强度突然增强。

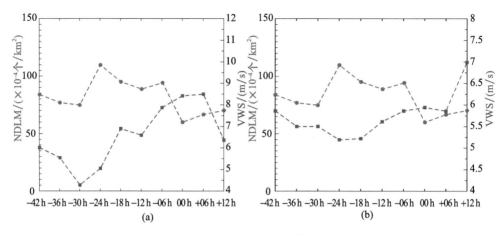

图 6.10　风垂直切变与台风内核对流密度之间的关系

（（a）台风最大风速半径范围 500~850 hPa 平均 VWS；（b）台风中心 5°×5°

范围 500~850 hPa 平均 VWS）

（图中红线表示台风内核对流密度，蓝线表示风垂直切变；横坐标表示台风强度突然增强时间，
左侧纵坐标表示台风内核对流密度，右侧纵坐标表示风垂直切变）

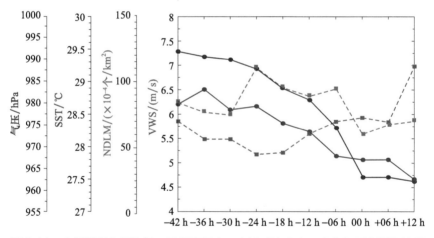

图 6.11　突然增强台风海温、风垂直切变、内核对流密度、中心气压之间的关系

（图中黑线为台风中心平均海温，蓝线为台风中心 5°×5° 范围 500~850 hPa 平均 VWS、红
线为台风内核对流密度、棕线为台风中心气压）

## 6.4　多因子相互作用对突然衰亡台风的影响

### 6.4.1　SST 与 VWS 的相互作用

分析图 6.12a 东海突然衰亡台风表明：

（1）低 SST 海域，突然衰亡台风只有 1 例为低 SST、高 VWS（8626 号台风 SST 25.6℃，VWS 18 m/s）。

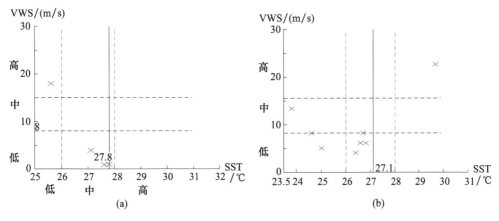

图 6.12　突然衰亡台风 SST 与 VWS 的分布图

（（a）东海；（b）南海（蓝叉表示突然衰亡台风））

（2）中 SST 海域，突然衰亡台风 3 例（台风编号 0204，SST 27.6℃，VWS 1 m/s；台风编号 0020，SST 27.1℃，VWS 4 m/s；台风编号 9110，SST 27.8℃，VWS 1 m/s），为中 SST、低 VWS。这时可以参考 TC 周围环境的 VWS 值的大小以及其与 TC 的距离来判断该 TC 未来突然衰亡。突然衰亡 TC 北侧的 VWS 距离 TC 较近、VWS 量值处于 35 m/s 以上（图 6.13），且呈靠近和侵入 TC 之势，该 VWS 带走 TC 高空暖心热量，加剧 TC 衰减。

（3）从 4 例突然衰亡台风的分布态势看，SST 逐渐变暖，TC VWS 值越低，说明东海突然衰亡台风对 TC 中心的低 VWS 不敏感，TC 衰亡的重要原因可能与 TC 所处的 SST 不高有关。另外，高于 27.8℃ 的 SST 海域无突然衰亡台风发生。

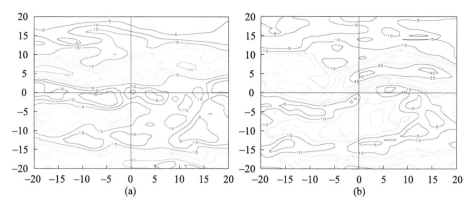

图 6.13　东海中海温、低 VWS 编号为 0204、0020、9110 三例台风的 VWS 平均值（单位：m/s）

（（a）突然衰亡前 12 h；（b）突然衰亡后 12 h）

分析图 6.12 b 南海突然衰亡台风表明：

（1）中、低 SST 海域。7 例突然衰亡台风，其中 2 例为低 SST、低 VWS（0623 号台风 SST 24.6 ℃，VWS 8 m/s；0801 号台风 SST 24.9 ℃，VWS 5 m/s），1 例低 SST、中 VWS（9810 号台风 SST 23.8 ℃，VWS 13 m/s），4 例为中 SST、低 VWS；观察 4 例南海中 SST 海域突然衰亡 TC 强度衰亡前后 VWS 分布，存在周围环境场高 VWS 逼近 TC 中心，有利于 TC 高层散热的形势，台风突然衰亡（图略）。

0623 号台风处于 24.6 ℃低海温，但风切变为 8 m/s 低风切变值，内核对流密度小仅为 $9 \times 10^{-4}$ 个 /km²（表 6.3），0623 号台风表现为突然衰亡，说明台风在低于 25 ℃海域，尽管风速垂直切变小，对台风加强或维持仍然无效，台风突然衰亡。0801 号台风处于 24.9 ℃低海温，风垂直切变更小为 5 m/s，此时 0801 号台风内核对流密度为 $70 \times 10^{-4}$ 个 /km²，比 5 个近海突然衰亡台风的内核对流密度平均值 $57.6 \times 10^{-4}$ 个 /km² 要大，0801 号台风依然突然衰亡，说明海温很低时（低于 25 ℃），低风切变和内核对流爆发对台风强度维持不起作用，台风依然衰亡。

表 6.3　近海台风突然衰亡至 12 h 时刻内核对流密度（单位：$\times 10^{-4}$ 个 /km²）

| 突然衰亡台风编号 | 0801 | 0623 | 0620 | 0320 | 9810 | 平均密度 |
|---|---|---|---|---|---|---|
| 对流密度 | 70 | 9 | 47 | 112 | 50 | 57.6 |

（2）高 SST 海域。极少有台风突然衰亡，仅 1 例为突然衰亡台风是高 SST、超高 VWS（8302 号台风 SST 29.7 ℃，VWS 22 m/s），说明，尽管 TC 处于高海温海域，如果 VWS 超高，TC 依然会衰亡。分析 8302 号台风周围的 VWS 配置可知，8302 号台风在突然衰亡前 12 h 有较强的 VWS 位于其较远的北侧，最大强度达 60 m/s，6 h 后 VWS 高值带迅速南压侵入 TC 中心，8302 号台风中心及周边区

域被高值 VWS 控制，TC 迅速衰亡（图 6.14）。说明海温高，但风垂直切变很大则台风会突然衰亡。

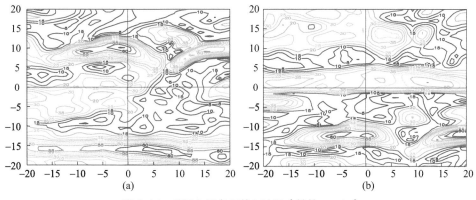

图 6.14　8302 号台风的 VWS（单位：m/s）

((a) 突然衰亡前 12 h；(b) 突然衰亡前 6 h)

（3）从 7 例突然衰亡台风的分布态势看，随着 SST 增高，TC 中心的 VWS 值越低，说明南海突然衰亡台风对低 VWS 也不敏感；南海突然衰亡台风绝大部分发生在小于 27.1℃的海域，说明 TC 衰亡对其所处的 SST 敏感。

分析图 6.15 海温与两种平均 VWS 之间的关系，可见，海温从海温峰值开始下降，VWS 紧随其后开始增大，如图 6.15a 为同时，图 6.15b 提前 6 h，说明大气对冷海洋的响应也存在时间滞后，台风 VWS 对冷海温的响应时间大约为 0~6 h。此外，冷海温与环境风垂直切变存在反相关关系，海温下降，环境风垂直切变增大，台风强度衰减。

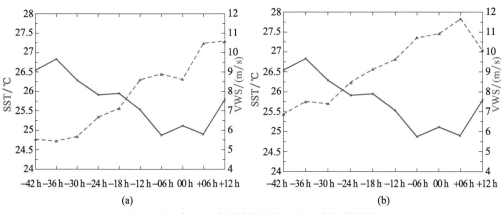

图 6.15　台风中心平均海温与 VWS 之间的关系

((a) 台风最大风速半径范围 500~850 hPa 平均 VWS；(b) 台风中心 5°×5°

范围 500~850 hPa 平均 VWS)

(图中蓝线表示风垂直切变，黑线表示海温；横坐标表示台风强度突然衰亡时间，左侧纵坐标表示海温，右侧纵坐标表示风垂直切变)

### 6.4.2 SST 与 DCC 的相互作用

分析图 6.16 海温与台风内核对流密度之间的关系，可知，高海温峰值开始下降先于内核对流密度峰值开始衰减出现，图中提前 6 h，说明大气对冷海洋的响应确实存在时间滞后，台风内核对流爆发衰减对冷海温的响应时间大约为 6 h。另外，海温与台风内核对流密度存在正相关关系，海温下降台风内核对流爆发衰减，内核对流密度减小。

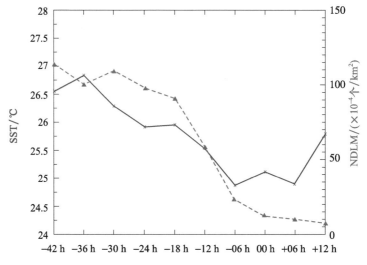

图 6.16　台风中心平均海温与台风内核对流密度之间的关系

（图中红线表示台风内核对流密度，黑线表示海温；横坐标表示台风强度突然衰亡时间，左侧纵坐标表示海温，右侧纵坐标表示台风内核对流密度）

### 6.4.3 VWS 与 DCC 的相互作用

分析图 6.17 可见，环境风垂直切变与台风内核对流密度基本也呈现反相关关系，即环境风垂直切变减小到谷值，紧随其后台风内核对流爆发最强、内核对流密度到峰值；环境风垂直切变逐渐变大，台风内核对流爆发趋于减弱、内核对流密度迅速减小。环境风垂直切变谷值略提前于台风内核对流密度高峰值，台风最大风速半径范围风切谷值提前台风内核对流密度峰值 6 h，而台风中心 5°×5° 范围风切谷值与台风内核对流密度高峰值同时出现。

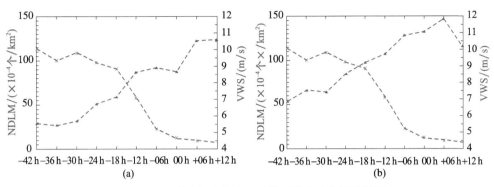

图 6.17　风垂直切变与台风内核对流密度之间的关系

（（a）台风最大风速半径范围 500~850 hPa 平均 VWS；（b）台风中心 5°×5° 范围 500~850 hPa 平均 VWS）

（图中红线表示台风内核对流密度，蓝线表示风垂直切变；横坐标表示台风强度突然衰亡时间，左侧纵坐标表示台风内核对流密度，右侧纵坐标表示风垂直切变）

综上所述，如图 6.18 所示，近海台风突然衰亡过程也体现出大气对海洋响应的滞后性，恰是这种滞后为影响因子对台风突然衰亡的预示提供可能。海温峰值下降对台风突然衰亡的预示时间比环境风垂直切变早约 0~6 h，环境风垂直切变对台风突然衰亡的预示时间比台风内核对流密度约早 6 h。因此，基本的先后关系是，低海温影响，环境风垂直切变增大，台风对流内核爆发减弱，台风强度衰亡。

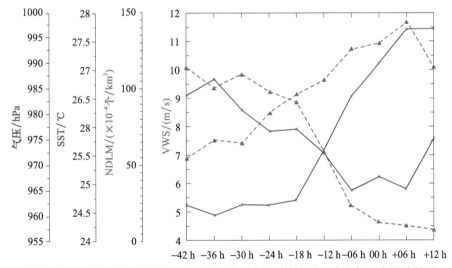

图 6.18　突然衰亡台风海温、风垂直切变、内核对流密度、中心气压之间的关系

（图中黑线为台风中心平均海温、蓝线为台风中心 5°×5° 范围 500~850 hPa 平均 VWS、红线为台风内核对流密度、棕线为台风中心气压）

对比图 6.11 和图 6.18 突然增强和突然衰亡台风的 SST、VWS、内核对流密度

变化，尽管形态相似，但要素的量值差异很大：突然增强台风 SST 在 27.5~29℃，突然衰亡台风的 SST 在 25~27℃；突然增强台风 VWS 在 5~7 m/s，突然衰亡台风的 VWS 在 6.5~12 m/s；突然增强台风的内核对流密度在 60~120 × 10⁻⁴ 个 /km²；突然衰亡台风的内核对流密度在 10~110 × 10⁻⁴ 个 /km²。

## 6.5  突然增强、突然衰亡台风的配置对比

分析图 6.19 近海台风突然增强和突然衰亡时的 SST、两种 VWS 和台风内核对流密度组合图发现，两种组合基本上呈现这样的特征：高海温海域，海温在 28℃以上，台风环境风垂直切变在 8 m/s 以下，台风内核对流密度大于 48 × 10⁻⁴ 个 /km²，即在高海温海域，海温高、风垂直切变小、内核对流密度大，台风强度往往突然增强；在低海温海域，海温在 26℃以下，环境风垂直切变在 10 m/s 以上，台风内核对流密度小于 19 × 10⁻⁴ 个 /km²，即在低海温海域，海温低、风垂直切变大、内核对流密度小，台风往往突然衰亡；在中海温海域，海温在 26~28℃，有突然增强台风也有突然衰亡台风，处于混合状态，呈现突然衰亡台风环境风垂直切变比突然增强台风偏大的态势，台风内核对流密度比突然增强台风偏小（突然衰亡台风小于 26 × 10⁻⁴ 个 /km²，突然增强台风大于 42 × 10⁻⁴ 个 /km²），即在中海温海域，环境风垂直切变偏大、内核对流密度偏小有利于台风突然衰亡；环境风垂直切变偏小、内核对流密度偏大，有利于台风突然增强。

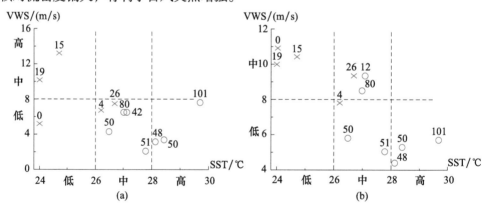

图 6.19  台风海温、风垂直切变及内核对流密度与强度突变之间的关系

（（a）VWS 是台风最大风速半径 500~850 hPa 风切变，SST 是台风中心平均海温，台风最大风速范围对流核密度；（b）VWS 是台风中心 5°×5° 范围 500~850 hPa 风切，SST 是台风中心平均海温，台风最大风速范围对流核密度（单位：×10⁻⁴ 个 /km²））

（"×"表示突然衰亡台风，"○"表示突然增强台风，"×"和"○"上的数表示台风最大风速范围对流核密度）

## 6.6　小结

（1）影响近海台风突然增强的因子有：水汽输入通道、高空流出气流、低空暖平流流入、弱环境风垂直切变、高海温及双台风作用等。影响突然衰亡的因子有：强冷空气、冷海温、冷海水上翻、双台风抽吸、大风垂直切变、水汽输入通道中断等。水汽输入通道和高空流出气流是造成台风突然增强的主要原因，而冷空气侵入是台风突然衰亡的主要因子。实际上突然增强和突然衰亡台风往往是多因子作用的结果。

（2）统计结果表明，高海温、低风垂直切变配置，台风强度突然增强，是近海台风突然增强的主要配置形式。当高海温与中风垂直切变或高风垂直切变配置时，台风仍会出现突然增强，但当风垂直切变达到超高，如 22 m/s 时台风会迅速衰亡。中海温只有与低风垂直切变配置时，才能出现台风突然增强，中海温与中风垂直切变或高风垂直切变配置均无突然增强台风发生。低海温与低风垂直切变或高风垂直切变配置均无突然增强台风发生。

（3）在高海温海域，海温高、风垂直切变小、内核对流密度大，台风强度往往突然增强；在低海温海域，海温低、风垂直切变大、内核对流密度小，台风强度往往突然衰亡；在中海温海域，环境风垂直切变偏大、内核对流密度偏小有利于台风突然衰亡；环境风垂直切变偏小、内核对流密度偏大，有利于台风突然增强。

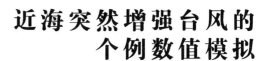

# 第7章

# 近海突然增强台风的
# 个例数值模拟

（1）控制试验成功模拟出了"莫兰蒂"在36 h前穿越高海温海域后，进入相对低海温（中海温以上）海域强度开始突然增强的过程；验证了本章前文统计的近海台风经过突然增强前36 h高海温海区加热后进入相对低（中海温以上）海温区后，强度才开始迅速加强到最强的统计事实。

（2）通过设计、修改台风"莫兰蒂"突然增强前36 h移经的高海温海域，敏感试验验证该海域海温对后来台风"莫兰蒂"强度变化的影响。结果表明，升高该海域海温，36 h后台风"莫兰蒂"强度比控制试验明显加强；降低该海域海温，敏感试验表明海温降低越大，36 h后台风"莫兰蒂"的强度越弱。分析表明：升高36 h前移经的高海温海域海温，输入台风"莫兰蒂"的潜热、感热、水汽通量均增加；降低该海域海温，输入台风"莫兰蒂"的潜热、感热、水汽通量均减少，海温降低越大，潜热、感热、水汽通量衰减越明显。

（3）通过台风"莫兰蒂"控制试验和3次敏感试验表明，不同海温出现不同的风垂直切变，主要原因在于大气对海洋的响应，以及该响应存在时间的滞后性。验证了本章前文统计的台风在高海温海域，内核对流旺盛，风切变强度中等，强度增强；在中海温海域，台风风切变小、内核对流偏大有利于加强；在低海温海域即使风切变小，台风仍然衰弱的结论。

# 第 8 章

# 近海突然衰亡台风的
# 个例数值模拟

（1）热带风暴"天鹅"衰亡与东北侧台风"莫拉克"对其水汽、涡度等物理量的持续"抽吸"有关。WRF 模式能较好地模拟出"莫拉克"与"天鹅"双台风相互作用的这一"抽吸"过程。

（2）减弱台风"莫拉克"敏感试验表明，热带风暴"天鹅"低层箱框正涡度明显增加，"天鹅"热带风暴结构比控制试验的结构要对称、圆整和密实，说明台风"莫拉克"的"抽吸"对"天鹅"的涡量衰减及台风结构均发生重要作用。

（3）分析敏感试验热带风暴"天鹅"东边界的水汽流失情况，可见减弱台风"莫拉克"后，敏感试验热带风暴"天鹅"东边界的水汽流出比控制试验明显减少，说明台风"莫拉克"对热带风暴"天鹅"存在明显的水汽"抽吸"。

（4）热带风暴"天鹅"8 月在南海衰亡，这在近海台风衰亡中是罕见的。实况分析表明，台风"莫拉克"的"抽吸"导致热带风暴"天鹅"衰亡；敏感试验表明，减弱台风"莫拉克"后热带风暴"天鹅"不衰亡。上述观测事实和试验研究发现，近海双台风的"抽吸"作用是近海台风衰亡的机制之一。

第**9**章

# 结　论

　　本研究利用统计分析、动态合成、数值模拟、要素诊断等方法，对中国近海台风突然增强和突然衰亡的环境流场、水汽输送、温度平流、涡度收支、海温高低、环境风切变、内核对流以及台风 36 h 前移经的海域海温高低对台风强度突然增强变化的影响之模拟试验和双台风"抽吸"对台风强度衰亡的影响，较深入地研究了近海台风突然增强和突然衰亡的机制机理。本章对上述的研究结果进行总结，并提出对业务预报可能有用的概念模型。

## 9.1　主要研究结论

　　（1）近海突然增强台风约占近海台风总数的 9.4%，突然衰亡台风约占 2.2%，是一个小概率事件。近海突然增强台风出现在 4—10 月间，7—9 月为盛期。活动海域主要在南海北部，其次为东海，黄海很少发生。突然衰亡台风发生在 4 月和7—11 月，盛期在 10—11 月间，主要出现在南海北部、台湾以东海域和东北海域。

　　（2）动态合成分析表明：500 hPa 高度场上，副高加强，西南气流伸达台风，温度场上处于暖温度脊内，无冷槽侵入；水汽输送通道上，分别来自西南方向和东南方向的两路水汽输送带与其持续联结，有充沛的暖湿水汽、正涡度输入；高空急流场上，台风高层流出气流强；环境风垂直切变场上，台风远离外围大的风垂直切变；海温场上，处于高海温海域；在台风内核，对流爆发旺盛，呈现"双峰"型分布。东海和南海突然增强台风的不同之处在于，东海台风的低层水汽输送、暖平流输入和高空流出气流都比南海台风强，且东海台风的环境风垂直切变比南海台风小，这可能是为什么东海台风比南海台风强的原因所在。

近海突然衰亡台风在高度场上受到西风槽后冷空气的侵入，与水汽通道没有连通或呈孤立状，并有低层正涡度流失，在低海温区域内有高值风速垂直切变，低密度的内核对流。

影响因子分析表明，水汽输入通道和高空流出气流是造成台风突然增强的主要原因，而冷空气侵入是台风突然衰亡的主要因子。实际上突然增强和突然衰亡台风往往是多因子作用的结果。

（3）海温、台风内核对流密度峰值和环境风垂直切变谷值对台风强度突然增强和突然衰亡均存在预示时间量。呈现的基本关系是：高海温"加热"台风，环境风垂直切变变小，台风内核对流爆发，台风强度突然增强。低海温"冷却"台风、环境风垂直切变增大、台风内核对流密度爆发衰减、台风强度衰亡。

在高海温海域，海温高、风垂直切变小、内核对流密度大，台风强度往往突然增强，但若环境风垂直切变很大，台风会突然衰亡；在低海温海域，海温低、风垂直切变大、内核对流密度小，台风强度往往突然衰亡，当海温很低时（低于25℃），台风内核对流不发展，在低于25℃海域即使是低风切和内核对流爆发仍对台风强度维持不起作用，台风依然衰亡，这说明影响因子是互相制约的；在中海温海域，环境风垂直切变偏大、内核对流密度偏小，台风通常突然衰亡；环境风垂直切变偏小、内核对流密度偏大，台风通常突然增强。

（4）"莫兰蒂"台风数值试验成功验证了本书统计的近海台风经过突然增强前36 h高海温区加热后进入中海温区，强度开始迅速加强到最强的观测事实。同时也验证了本章前文统计的台风在高海温海域，内核对流旺盛，台风处于中等强度的风切变，强度增强；在中海温海域，台风风切变小、内核对流偏大有利于加强；在低海温海域即使风切变小，台风仍然衰弱的结论。

控制试验和敏感试验表明，引起热带气旋"天鹅"衰亡的原因在于台风"莫拉克"的"抽吸"所致。观测事实和试验研究可见，近海双台风的"抽吸"作用是近海台风衰亡的机制之一。

##  9.2　近海突然增强、突然衰亡台风概念模型

基于上述的研究结果，提出中国近海台风突然增强和突然衰亡的概念模型（图9.1）。

在高海温海域，海温高、风垂直切变小、内核对流密度大，台风强度突然增强；在低海温海域，海温低、风垂直切变大、内核对流密度小，台风强度突然衰

亡；在中海温海域，环境风垂直切变偏大、内核对流密度偏小有利于台风突然衰亡；环境风垂直切变偏小、内核对流密度偏大，有利于台风突然增强；环境风垂直切变相当，内核对流密度偏小有利于台风突然衰亡；内核对流密度偏大，有利于台风突然增强。

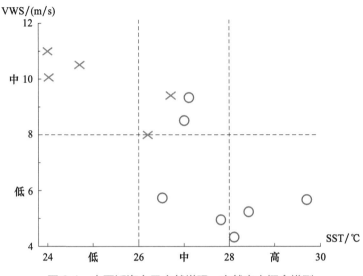

图 9.1　中国近海台风突然增强、突然衰亡概念模型

（红色"○"为突然增强台风，蓝色"×"为突然衰亡台风）

# 参考文献

曹钰，岳彩军，寿绍文，2013. 热带气旋（TC）环流内对流核数、TBB 特征与 TC 强度关系的统计合成分析 [J]. 热带气象学报，29（3）:382-390.

陈光华，裘国庆，2005. 对南海热带气旋近海加强机理个例模拟研究 [J]. 气象学报，63:360-363.

陈国民，曾智华，曹庆，2013. 海温对 0907 号热带气旋"天鹅"入海后强度变化影响的数值模拟研究 [J]. 热带气象学报，29（6）:985-991.

陈联寿，2006. 热带气旋研究和业务预报技术的发展 [J]. 应用气象学报，17（6）:672-681.

陈联寿，2010. 热带气旋灾害及其研究进展 [J]. 气象，36（7）:101-110.

陈联寿，丁一汇，1979. 西太平洋台风概论 [M]. 北京：科学出版社.

陈联寿，孟智勇，2001. 我国热带气旋研究十年进展 [J]. 大气科学，25（3）:420-432.

陈联寿，徐祥德，罗哲贤，等，2002. 热带气旋动力学引论 [M]. 北京：气象出版社.

陈联寿，端义宏，宋丽莉，等，2012. 台风预报及其灾害 [M]. 北京：气象出版社.

陈瑞闪，2002. 台风 [M]. 福州：福建科学技术出版社.

陈颖珺，谢强，蒙伟君，等，2009. 不同海表温度对南海台风"杜鹃"的影响实验 [J]. 热带气象学报，251(4):402-406.

邓文君，王蓉李茜希，等，2013. 1208 号台风"韦森特"南海近海强度突增特征诊断分析 [J]. 海洋预报，30（5）:44-50.

丁一汇，刘月贞，2003.7507 号台风中水汽收支的研究 [J]. 海洋学报，25（2）:142-145.

端义宏，1995. 海温变化对热带气旋强度影响的数值模拟试验. 85-906-07 课题组，台风科学、业务试验和天气动力学理论的研究（第三分册）[M]. 北京：气象出版社.

范蕙君，李修芳，燕芳杰，等，1989. 确定台风强调要方法的改进 [J]. 气象，16（8）:10-14.

费建芳，黄小刚，程小平，2010. 热带气旋海棠（2005）强度数值模拟试验 [J]. 气象科学，30（5）:658-664.

冯锦全，陈多，1995. 我国近海热带气旋强度突变的气候特征分析 [J]. 热带气象学报，1:36-42.

顾宇丹，王建初，许晓东，2013. 雷电与台风强度关系相关研究的初步探索 [C]. 第六届中国国际防雷论坛论文摘编，189-190.

韩树宗，胡耀辉，裴国庆，2014. 海表温度对台风"梅花"影响的数值试验分析 [J]. 中国海洋大学学报，（44）:8-15.

胡春梅，端义宏，余晖，等，2005. 华南地区热带气旋登陆前强度突变的大尺度环境诊断分析 [J]. 热带气象学报，21（4）:378-382-59.

胡向军，陶健红，郑飞，等，2008. WRF 模式物理过程参数化方案简介 [J]. 甘肃科技，24(20):74-75.

胡耀辉，2013. SST 对台风影响的数值试验分析 [D]. 青岛：中国海洋大学.

黄荣成，雷小途，2010. 环境场对近海热带气旋突然增强与突然减弱影响的对比分析 [J]. 热带气象学报，26（2）:129-137.

姜丽萍，夏冠聪，尤红，2008. "珍珠"台风强度及路径分析 [J]. 台湾海峡，27（1）:125-128.

蒋小平，刘春霞，莫海涛，等，2010. 海气相互作用对台风结构的影响 [J]. 热带气象学报，26（1）:56-59.

赖巧珍，马雷鸣，黄伟，等，2013. 台湾岛附近海洋对 0908 号台风"莫拉克"的响应特征 [J]. 海洋学报，35（3）:65-77.

雷小途，张义军，马明，2009. 西北太平洋热带气旋的闪电特征及其与强度关系的初步分析 [J]. 海洋学报，31（4）:30-35.

黎伟标，何溪澄，唐洁，2004. 台风"森拉克"的数值模拟研究：海洋飞沫的作用 [J]. 热带海洋学报，23（3）:59-64.

李凡，郑艳，李勋，2010. 0915 号台风"巨爵"近海强度突增的诊断分析 [J]. 气象水文海洋仪器（3）:88-93.

李娟，罗哲贤，2009. 0604 号强热带风暴"碧利斯"生成机制的初步分析 [J]. 中国科技信息，（10）:21-25.

李君，韩国泳，2006. 0509 号台风"麦莎"进入山东前后水汽分布特征 [J]. 山东气象，106（26）:1-4.

李瑞，吕淑琳，周春珍，等，2011. 环境风垂直切变对 0908 号台风"莫拉克"影响的分析 [J]. 海洋科学进展，19（3）:308-311.

李响，2012, WRF 模式中积云对流参数化方案对西北太平洋台风路径与强度模拟的影响 [J]. 中国科学 [J], 42（12）:1967-1990.

李英，2004. 登陆热带气旋维持机制的研究 [D]. 南京：南京气象学院.

李英，陈联寿，王继志，2004. 登陆热带气旋长久维持与迅速消亡的大尺度环流特征 [J]. 气象学报,62（2）:169-177.

李英,陈联寿,徐祥德,2005.水汽输送影响登陆热带气旋维持和降水的数值试验 [J].大气科
　　学,1:93-97.

李英,钱传海,陈联寿,2009.Sepat 台风（0709）登陆过程中眼放大现象研究 [J].气象学报,
　　67（5）:799-810.

梁必骐,1995.天气学教程 [M].北京:气象出版社.

梁必骐,陈杰,2001.近海加强台风的统计分析 [C]// 陈联寿等编,全国热带气旋科学讨论会
　　会议文集.北京:气象出版社.

梁晓红,葛黎丽,2014.台风对江苏近海海表温度的影响分析与探讨 [J].水产养殖,35
　　（10）:38-42.

林毅,刘爱鸣,刘铭,2005."百合"台风近海加强成因分析 [J].台湾海峡,24（1）:23-26.

刘春霞,容广损,1995.台风突然加强与环境场关系的气候分析 [J].热带气象学报,11（1）:52-56.

刘辉,董克勤,1987.环境温度场对对台风等扰动发展和移动的影响 [J].气象学报,45（2）:189-
　　194.

刘磊,郑静,陆志武,等,2010.海洋飞沫参数化方案在台风数值模拟中的应用 [J].热带海洋
　　学报,29（3）:17-27.

刘磊,费建芳,林霄沛,等,2011.海气相互作用对"格美"台风发展的影响研究 [J].大气科
　　学,35（3）:445-455.

刘裕禄,方祥生,金飞胜,等,2009.台风凤凰形成发展过程中对流凝结潜热和感热的作用
　　[J].气象,35（12）:51-57.

陆波,钱维宏,2012.华南近海台风突然的初秋季节锁相 [J].地球物理学报,55（5）:1524-1530.

罗哲贤,2003.守恒系统中台风强度变化及其可能因子的数值研究 [J].气象学报,61（3）:303-311.

马红云,马镜娴,罗哲贤,2003.切向风速水平廓线对台风路径和强度的影响 [J].南京气象学
　　院学报（6）:781-787.

毛丽娜,潘益农,2009.环境风垂直切变对热带气旋"碧利斯"的影响 [J].气象科学,29
　　（4）:509-512.

单海霞,管玉平,王东晓,等,2012.赤道海洋对罕见台风"画眉"的响应 [J].热带海洋学
　　报,3（1）:29-32.

寿绍文,姚秀萍,1995.爆发性发展台风合成环境场的诊断分析 [J].大气科学,4:488-493.

孙一妹,费建芳,程小平,等,2010.海浪状况及飞沫作用对台风强度和结构影响的数值模拟
　　[J].南京大学学报（自然科学）,46（4）:420-430.

陶诗言,1980.中国之暴雨 [M].北京:科学出版社.

王继志,杨元琴,1995.8807 号台风突然增强与其中尺度关系的研究 [M].北京:气象出

版社.

王坚红, 邵彩霞, 苗春生, 等, 2012. 近海海温对再入海台风数值模拟影响的研究 [J]. 热带海洋学, 31（5）:107-114.

王瑾, 江吉喜, 2005. 热带气旋强度的卫星探测客观估计方法研究 [J]. 应用气象学报, 16（3）:283-292.

王平, 陈葆德, 曾智华, 等, 2012. 海洋飞沫对台风"Morakot"结构影响的数值模拟研究 [J]. 高原气象, 31（1）:114-124.

王平, 陈葆德, 曾智华, 2014. 海洋飞沫对热带气象边界层结构的影响 [J]. 海洋学报, 36（9）:85-92.

魏超时, 赵坤, 余晖, 等, 2011. 登陆台风卡努（0515）内核区环流结构特征分析 [J]. 大气科学, 35（1）: 68-80.

魏娜, 李英, 胡姝, 2013. 1949—2008 年热带气旋在中国大陆活动的统计特征及环流背景 [J]. 热带气象学报, 29(1):18-25.

吴达铭, 1997. 西北太平洋热带气旋强度突变的分布特征 [J]. 大气科学, 21（2）:192-198.

吴国雄, 1992. 海温异常对台风形成的影响 [J]. 大气科学, 16（3）:323-331.

吴联要, 雷小途, 2012. 内核及外围尺度与热带气旋强度关系的初步研究 [J]. 热带气象学报, 28(5):719-725.

吴雪, 端义宏, 2013. 超强台风梅花（1109）强度异常减弱成因分析 [J]. 气象, 39（8）:965-974.

伍荣生, 2007. 前言台风研究中的一些科学问题 [J]. 南京大学学报（自然科学）, 43（6）:568-571.

夏友龙, 郑祖光, 刘式达, 1995. 台风内核与外围加热对其强度突变的影响 [J]. 气象学报, 53（4）:424-429.

徐明, 余锦华, 赖安伟, 等, 2009. 环境风垂直切变与登陆台风强度变化关系的统计分析 [J]. 暴雨灾害, 4:339-344.

薛根元, 张建海, 陈红梅, 等, 2007a. Saomai（0608）加强成因分析及海温影响的数值实验研究 [J]. 第四纪研究, 27（3）:312-317.

薛根元, 张建海, 陈红梅, 等, 2007b. 登陆东南沿海热带气旋的异常特征及其成因研究 [J]. 地球物理学报, 50（5）:1361-1371.

薛秋芳, 燕芳杰, 范永祥, 等, 1993. 台风强度变化的诊断分析和预报 [J]. 气象, 19(2):24-29.

阎俊岳, 1996. 近海热带气旋迅速加强的气候特征 [J]. 应用气象学报, 28-34.

杨元建, 冼桃, 孙亮, 等, 2012. 连续台风对海表温度和海表高度的影响 [J]. 海洋学报, 34(1):71-77.

姚秀萍, 寿绍文, 1994. 爆发性台风附近次级环流的诊断分析 [J]. 气象科学, 14（2）:115-120.

于玉斌, 2007. 中国近海热带气旋强度突变的机理研究 [D]. 南京: 南京信息工程大学.

于玉斌，姚秀萍，2006. 西北太平洋热带气旋强度变化的统计特征 [J]. 热带气象学报，6:522-526.

于玉斌，陈联寿，杨昌贤，2008. 超强台风"桑美"（2006）近海急剧增强特征及机理分析 [J]. 大气科学，32(2):405-414.

余晖，吴国雄，2001. 湿斜压性与热带气旋强度突变 [J]. 气象学报，59（4）:441-448.

余晖，端义宏，2002. 西北太平洋热带气旋强度变化的统计特征 [J]. 气象学报，60（6）:680-686.

余贞寿，王红雷，2010. 微物理过程和对流参数化对台风"莫拉克"（0908）路径模拟影响研究 [C]. 第七届长三角气象科技论坛论文集，148-154.

禹梁玉，方娟，2014. 影响台风"鲇鱼"（2010）强度的环境系统的诊断分析 [J]. 南京大学学报（自然科学），50（2）:114-127.

岳彩军，陈佩燕，雷小途，等，2006. 一种可用于登陆台风定量降水估计（QPE）方法的初步建立 [J]. 气象科学，26（1）: 18-23.

曾智华，2011. 环境场和边界层对近海热带气旋结构和强度变化影响的研究 [D]. 南京：南京信息工程大学.

曾智华，陈联寿，2011. 海洋混合层厚度对热带气旋结构和强度变化影响的数值试验 [J]. 高原气象，30（6）:1584-1593.

张建海，庞盛荣，2011. "莫兰蒂"台风（1010）暴雨成因分析 [J]. 暴雨灾害，30（4）: 305-312.

张连新，韩桂军，李威，等，2014. 台风期间海洋飞沫对海气湍流通量的影响研究 [J]. 海洋学报，36（11）:46-55.

张兴海，郁凡，2012，台风强度及演变的卫星反演试验研究 [J]. 南京大学学报（自然科学），48（6）:702-706.

张雪蓉，陈联寿，濮梅娟，等，2013. 登陆台风变性过程的物理机制分析 [J]. 气象科学，33（6）:686-692.

赵彪，乔方利，王关锁，2012. 海洋表层温度对台风"蔷薇"路径和强度预测精度的影响 [J]. 海洋学报，34（4）:41-51.

赵大军，于玉斌，李莹，2011. "0814"号强台风发展维持的环境场分析 [J]. 气象科学（5）:592-597.

赵凯，濮梅娟，2005. 0421 号热带风暴海马登陆前后环境场对其移向和强度影响的分析 [J]. 台湾海峡，24（3）:372-375.

郑峰，曾智华，雷小途，等，2016. 中国近海突然增强台风统计分析 [J]. 高原气象，35（1）:198-210.

郑峰，吴群，2013a. 关于超强台风"桑美"强度突变研究的几点思考 [J]. 气象科技（4）:534-536.

郑峰，张灵杰，2013b. 台风"天鹅"对"莫拉克"强度维持影响的模拟分析 [J]. 气象科技（4）:665-669.

郑静，费建芳，王元，等，2008. 海洋飞沫对热带气旋影响的数值试验 [J]. 热带气象学报，24（5）:467-474.

周立，李青青，范轶，2009. 台风云娜（2004）的高分辨率数值模拟研究：眼壁小尺度对流运动 [J]. 气象学报（5）:787-798.

朱晓金，陈联寿，2012. 2003—2005 年西北太平洋台风眼生成特征分析 [J]. 热带气象学报，28（5）:647-650.

ANDREAS E L and EMANUEL K A, 2001. Effects of sea spray on tropical cyclone intensity [J]. *J Atmos Sci*, 58: 3741-3751.

BRAUN S A, WU L, 2007. A numerical study of Hurricane Erin (2001). Part II: Shear and the organization of eyewall vertical motion [J]. *Mon Wea Rev*, 135, 1179-1194.

CHAN J C L, SHI J E, LIU K S, 2001a. Improvements in the seasonal forecasting of tropical cyclone activity over the wester North Pacific [J]. *Weather Forecasting*, 16: 492-297.

CHAN J C L, DUAN Y H and SHAY L K, 2001b.Tropical cyclones intensity change from a simple ocean-atmosphere couple model [J]. *J Atmos Sci,* 58:154-172.

CHARLES H, THOMPSON A H, 1979. Climatological characteristics of rapidly intensifying typhoons [J]. *Mon Wea Rev*, 107: 1023-1025.

CHEN L S, 2011. An overview on rapid change phenomena in tropical Cyclones[C]. International Workshop on Tropical Cyclone Unusual Behavior, 17-21.

CIONE J J, UHLHORN E W, 2003. Sea surface temperature variability in hurricanes: Implications with respect to intensity change [J]. *Mon Wea Rev*, 131:1783-1793.

CORBOSIERO K L, MOLINARI J, 2003. The relationship between storm motion, vertical wind shear, and convective asymmetries in tropical cyclones [J]. *J Atmos Sci*, 60: 366-460.

DEMARIA M and KAPLAN J, 1994. A statistical hurricane intensity prediction scheme (SHIPS) for the Atlantic basin [J]. *Wea Forecasting*, 9: 209-220.

DUAN Y H, QIN Z H, GU J F, et al, 2000. Number study on the effects of sea Surface temperature on tropical cyclone intensity - Part II:coupling model and experiment [J]. *Acta meteorologica sinica*, 14(2):194-199.

ELSBERRY R L,et al, 1985. A global view of tropical cyclones [M]. Published by Office of Naval Research.

ELSBERRY R L, HOLLAND G J, GERRISH H, et al, 1992. Is there any hope for tropical Cyclon intensity prediction - a panel Discussion [J]. *Bull Amer Meteor Soc*, 73:265-270.

ELSBERRY R L, JEFFRIES R, 1996. Vertical wind shear influences on tropical cyclone Formation and intensification during TCM-92 and TCM-93 [J]. *Mon Wea Rev*, 124:1376-1386.

EMANUEL K A, 1988. The maximum intensity of hurricanes [J]. *J Atmos Sci*, 45:1143-1155.

EMANUEL K A , 1991. The theory of hurricanes [J]. *Annu. Rev. Fluid Mech*, 23, 179-196.

EMANUEL K, DESAUTELS C, HOLLOWAY C, et al, 2004. Environmentalcontrol of tropical cyclone intensity [J]. *J Atmos Sci* , 61:843-858.

HENDRICKS E A and MONTGOMERY M T, 2004. The role of "vortical" hot towers in the formation of tropical cyclone Diana (1984) [J]. *Journal of the Atmospheric Sciences*, 61 (11):1209-1224.

FAIRALL C W, BRADLEY E E, HARE J E, et al, 2003. Bulk parameterization of sir-sea fluxes: Updates and verification for the COARE algorithm [J]. *J Climate*, 16, 571-591.

FRANK W M and RITCHIE E A, 1999. Effects of environmental flow upon tropical cyclone structure [J]. *Mon Wen Rev*, 127:2044-2061.

FRANK W M and RITCHIE E A, 2001. Effects of vertical wind shear on the intensity and structure of numerically simulated hurricanes [J]. *Mon Wea Rev*, 129: 2249-2269.

GALINA G M, VELDEN C S, 2002. Environmental vertical wind shear and tropical cyclone intensity change utilizing enhanced satellite derived wind information[C]// Proceedings of the 25th Conference on Hurricanes and Tropical Meteorology. San Diego, CA.2002:173.

GRAY M W, 1968. Global view of the origin of tropical disturbances and storms[J]. *Mon Wea Rev*, 96: 669-700.

JIANG X P, 2007.The impact of the typhoon -induced SST Cooling on typhoon Intensity [C].The second international workshop on tropical cyclones,.

JOHNNY C, CHAN L, DUAN Y, 2001. Tropical cyclone intensity change from a simple ocean-atmosphere coupled model [J], *Journal of the Atmospheric Sciences*, 58:154-170.

KAPLAN J, DEMARIAN M, 2003. Large-scale characteristics of rapidly intensifying Tropical cyclones in the North Atlantic basin[J]. *Weather and Forcasting*, 18:1095-1105.

MERRILL R T, 1988. Environment influences on hurricane Intensification [J]. *J Atmos Sci*, 45:1679-1686.

PALMÉN E, 1948. On the formation and structure of tropical hurricanes [J]. *Geophysica*, 3, 26-38.

PATERSON L A, HANSTRUM B N, DAVIDSON N E, 2005. Influence of environmental vertical wind shear on the intensity of hurricane strength tropical cyclones in the Australian region [J]. *Mon Wea Rev*, 133:3645-3659.

REASOR P D, MONTGOMERY M T and GRASSO L D , 2004. A new look at the problem of tropical cyclones in vertical shear flow: Vortex resiliency [J]. *J Atmos Sci*, 61:3-22.

TULEYA R E, KURIHARA Y, 1982. A note on the sea surface temperature sensitivity of a numerical model of tropical storm genesis [J]. *Notes and Correspondence*, 110:2063-2068.

SHAY L K, GONI G J and BLACK P G, 2000. Effects of a warm oceanic feature on Hurricane Opal [J]. *Mon Wea Rev*, 128:1366-1383.

WANG Y Q, JEFF D K, et al, 2001. The effect of sea spray evaporation on tropical cyclone boundary layer structure and intensity [J]. *Mon Wea Rev*, 129: 2481-2498.

WANG Y Q, WU C C. 2004.Current understanding of tropical cyclone structure and intensity changes—a review[J]. *Meteorol Atmos Phys*, 87:257-278.

WANG Y Q, WANG H, 2013. The inner-core size increase of typhoon MEGI (2010) during its rapid intensification phase [J]. *Tropical cyclone review*, 2(2):65-79.

ZEHR R M, 1992. Tropical cyclogenesis in the western north pacific [J]. NOAA Tech. Rep. NESDIS 61, Dept. of Commerce, Washington, D.C.: 181 .

ZENG Z H, WANG Y Q, et al, 2007.Environmental dynamical control of tropical cyclone intensity—An observational study [J]. *Mon Wea Rev*, 135:38-59.

ZENG Z H, CHEN L S, WANG Yuqing, 2008 .An observational study of environmental dynamical control of tropical cyclone intensity in the Atlantic [J]. *Mon Wea Rev*, 136:3307-3322.

ZENG Z H, WANG Y Q, CHEN LS, 2010. A statistical analysis of vertical shear effect on tropical cyclone intensity change in the North Atlantic[J]. *Geophysical Research Letters*, VOL. 37, L02802, doi:10.1029/2009GL041788.

ZENG Z H, CHEN L S, et al, 2012. Impact of sea spay on tropical cyclone structrue and intensity change [J]. *Journal of Tropical Meteorology*, 18(2):136-144.